**面向新工科的电工电子信息基础课程系列教材**

教育部高等学校电工电子基础课程教学指导分委员会推荐教材

山东省首批精品课程配套教材

山东省首批一流课程配套教材

# 数字电子技术基础
## 学习指导
## 与
## 习题解答

臧利林　徐向华　编著

U0366665

清华大学出版社

北 京

## 内 容 简 介

本书是"数字电子技术基础"课程的辅导教材,针对学生在学习中遇到的问题和困难,基于教学团队多年的教学经验编写。本书是《数字电子技术基础》(臧利林等编著)的配套学习辅导书,章节顺序与主教材相同,通过例题、自测题扩充主教材中的部分内容,与主教材形成互补。第 1～9 章均包含学习要求、要点归纳、难点释疑、重点剖析、同步自测、习题解答、自评与反思 7 部分,条理清晰,体系完善,帮助学生循序渐进地汲取知识。附录中选录部分期末考试题。

本书可作为高等学校自动化类、电气类、电子信息类、计算机类、仪器仪表类、机电工程类等本科专业学习"数字电子技术基础"课程的指导书和参考资料,也可作为相关专业研究生入学考试的复习资料。

**图书在版编目(CIP)数据**

数字电子技术基础学习指导与习题解答/臧利林,徐向华编著. —北京:清华大学出版社,2023.1
面向新工科的电工电子信息基础课程系列教材
ISBN 978-7-302-62596-4

Ⅰ.①数… Ⅱ.①臧… ②徐… Ⅲ.①数字电路－电子技术－高等学校－教学参考资料
Ⅳ.①TN79

中国国家版本馆 CIP 数据核字(2023)第 008349 号

责任编辑:文  怡
封面设计:王昭红
责任校对:申晓焕
责任印制:曹婉颖

出版发行:清华大学出版社
      网 址:http://www.tup.com.cn,http://www.wqbook.com
      地 址:北京清华大学学研大厦 A 座 邮 编:100084
      社 总 机:010-83470000 邮 购:010-62786544
      投稿与读者服务:010-62776969,c-service@tup.tsinghua.edu.cn
      质量反馈:010-62772015,zhiliang@tup.tsinghua.edu.cn
      课件下载:http://www.tup.com.cn,010-83470236
印 装 者:三河市科茂嘉荣印务有限公司
经 销:全国新华书店
开 本:185mm×260mm 印 张:14 字 数:325 千字
版 次:2023 年 1 月第 1 版 印 次:2023 年 1 月第 1 次印刷
印 数:1～1500
定 价:49.00 元

产品编号:099611-01

"数字电子技术基础"是自动化类、电气类、电子信息类等相关专业的一门核心必修基础课程,其重要性不言而喻。该课程主要介绍数字电子器件、电子电路和电子技术应用的入门基础知识,既有数制运算、逻辑代数等基础理论,也有数字电路的分析与设计,还有数字电路的综合应用,初学者往往存在诸多疑惑,感觉"学好很难"。

为了改变这种情况,我们编写了这本与《数字电子技术基础》(臧利林等编著,以下简称主教材)配套的学习指导书,其目标是引导学生学会常用的数字电路分析与设计方法,满足"学习助手、考研辅导、答疑解惑、巩固提高"的需求。

本书按照主教材的章节顺序,逐章编写。每章包含以下7部分(第10章除外):

1. 学习要求

按照"熟练掌握""正确理解""一般了解"的层次,以列表的形式给出学习内容中各知识点的要求,做到一目了然,有的放矢。

2. 要点归纳

提炼主教材各章的重点内容,帮助学生有条理地梳理学习内容,回顾核心知识,掌握各章要点。

3. 难点释疑

针对学习过程中存在的疑难问题,进行详细说明。疑难问题的选取参考编者及教学团队的教学经验和学生学习反馈的统计结果,旨在消除学生学习过程中的疑惑。

4. 重点剖析

主要针对核心知识点进行重点凝练、举例论述,并与要点归纳、难点释疑等内容成一体,力求达到事半功倍的效果。

5. 同步自测

围绕核心知识点精心设计自测题目,学完章节内容后,让学生检验自己对基本概念、基本分析与设计方法的掌握和理解情况,提高分析和设计电路的能力,并具备一定的综合应用能力。

6. 习题解答

较为详细地给出主教材课后习题的解题过程和参考答案,满足读者的学习需求。

7. 自评与反思

由学生填写,要求学生在学完章节内容后,对发现的问题和自身的不足进行总结、记录,通过撰写个人自评和反思自己存在的问题来提升能力,促进成长。同时,为后续课程复习与考试留下印迹。

本书由臧利林、徐向华编著,臧利林组织本书的编写工作,编写第 1~4 章、第 7~10 章,并负责全书的统稿工作,徐向华编写第 5、6 章。

本书是在高宁主编的《电子技术基础学习指导和习题解答》的基础上修订更新的,高老师提供了大部分的要点归纳、习题参考答案等内容,在此谨向其致以衷心的感谢。

限于时间和水平,书中错误和不妥之处在所难免,恳请读者批评指正。

编　者

2022 年 10 月于山东大学

# 目录

# 目录

# 目录

# 目录

第 **1** 章

数字电路基础

本章主要学习数字电路的基础知识，包括数字电路的基本概念及数字电路的特点、数字系统中常用的数制以及不同数制之间的转换方法、常用的二进制算术运算方法与常见的编码。

## 1.1 学习要求

本章各知识点的学习要求如表 1.1.1 所示。

表 1.1.1 第 1 章学习要求

| 知 识 点 | | 学 习 要 求 | | |
| --- | --- | --- | --- | --- |
| | | 熟练掌握 | 正确理解 | 一般了解 |
| 数字电路的基本概念 | 模拟信号与数字信号 | √ | | |
| | 数字电路 | | | √ |
| | 数字信号的表示方法 | | √ | |
| 数制 | 常用数制（十进制、二进制、十六进制、八进制） | √ | | |
| | 数制之间的转换 | √ | | |
| 二进制算术运算 | 二进制数的四则运算 | √ | | |
| | 原码、反码、补码及其运算 | √ | | |
| 编码 | BCD 码 | √ | | |
| | 格雷码、ASCII 码 | | √ | |

## 1.2 要点归纳

### 1.2.1 数字电路的基本概念

1. 模拟信号与数字信号

模拟信号——在时间上和数值上都是连续变化的。正弦波是典型模拟信号。

数字信号——在时间上和数值上都是不连续变化的，即离散的。方波是典型数字信号。

2. 数字电路

传输和处理数字信号的电子电路称为数字电路，其特点是：设计简单、工作可靠、功能强、信息存储方便、便于集成等。

3. 数字信号的表示方法

数字信号只有两个电压值（高电平和低电平），正逻辑体制中"1"表示高电平、"0"表示低电平。这里的 1 和 0 代表两种对立的逻辑状态，称为逻辑 1 和逻辑 0。负逻辑体制中"1"表示低电平、"0"表示高电平,这种逻辑体制很少使用。

## 1.2.2 数制

### 1. 常用的数制

十进制(Decimal):以 10 为基数,由 0~9 十个数字符号组成,"逢十进一"。

二进制(Binary):以 2 为基数,由 0 和 1 两个数字符号组成,"逢二进一"。

十六进制(Hexadecimal):以 16 为基数,由 0、1、2、3、4、5、6、7、8、9、A、B、C、D、E、F 十六个数字符号组成,"逢十六进一"。

八进制(Octal):以 8 为基数,由 0、1、2、3、4、5、6、7 八个数字符号组成,"逢八进一"。

日常生活中习惯用十进制,但数字电路适合用二进制,十六进制数或八进制数常用来间接表示二进制数,目的是方便读写和记忆。

### 2. 数制之间的转换

二进制转换成十进制:将二进制数的每一位乘以位权,然后相加。

十进制转换成二进制:用"除 2 取余"法将十进制的整数部分转换成二进制。用"乘 2 取整"法将十进制的小数部分转换成二进制。

二进制与十六进制的相互转换:用"4 位分组"法实现。

二进制与八进制的相互转换:用"3 位分组"法实现。

## 1.2.3 二进制算术运算

### 1. 二进制数的四则运算

二进制算术运算规则与十进制算术运算规则是相似的,只是在进位时按照"逢二进一",而在借位时按照"借一当二"。二进制数的所有运算均可以用移位和相加这两种操作实现,大大简化了电路结构。

### 2. 原码、反码、补码及其运算

在数字电路中,两数相减是用它们的补码完成的。带符号二进制数补码的最高位为符号位,正数为 0,负数为 1。

正数的补码、反码与原码相同。负数的反码是在原码的基础上,符号位不变,仍然为 1,其余各位取反;负数的补码是在反码的基础上加 1。

**注意**:补码相加,得到的结果仍然是补码,若想得到原码,需对结果再次求补。

### 1.2.4 编码

**1. 二—十进制码(BCD 码)**

BCD 码——用 4 位二进制代码表示十进制的 0～9 十个数。表 1.2.1 列出了常见的 BCD 码。

表 1.2.1　常见的 BCD 码

| 十进制数 | 8421 码 | 2421 码 | 5421 码 | 余 3 码 | 格雷码 |
|---|---|---|---|---|---|
| 0 | 0 0 0 0 | 0 0 0 0 | 0 0 0 0 | 0 0 1 1 | 0 0 0 0 |
| 1 | 0 0 0 1 | 0 0 0 1 | 0 0 0 1 | 0 1 0 0 | 0 0 0 1 |
| 2 | 0 0 1 0 | 0 0 1 0 | 0 0 1 0 | 0 1 0 1 | 0 0 1 1 |
| 3 | 0 0 1 1 | 0 0 1 1 | 0 0 1 1 | 0 1 1 0 | 0 0 1 0 |
| 4 | 0 1 0 0 | 0 1 0 0 | 0 1 0 0 | 0 1 1 1 | 0 1 1 0 |
| 5 | 0 1 0 1 | 1 0 1 1 | 1 0 0 0 | 1 0 0 0 | 0 1 1 1 |
| 6 | 0 1 1 0 | 1 1 0 0 | 1 0 0 1 | 1 0 0 1 | 0 1 0 1 |
| 7 | 0 1 1 1 | 1 1 0 1 | 1 0 1 0 | 1 0 1 0 | 0 1 0 0 |
| 8 | 1 0 0 0 | 1 1 1 0 | 1 0 1 1 | 1 0 1 1 | 1 1 0 0 |
| 9 | 1 0 0 1 | 1 1 1 1 | 1 1 0 0 | 1 1 0 0 | 1 1 0 1 |
| 位权 | 8 4 2 1<br>$b_3 b_2 b_1 b_0$ | 2 4 2 1<br>$b_3 b_2 b_1 b_0$ | 5 4 2 1<br>$b_3 b_2 b_1 b_0$ | 无权 | 无权 |

**注意**：BCD 码不同于二进制数。如：$(19)_D = (10011)_B = (0001\ 1001)_{BCD}$。

**2. 其他编码**

(1) 格雷码(Gray Code)又称循环码。与普通的二进制代码相比,格雷码的最大优点是相邻两个代码之间只有一位发生变化。BCD 码中的格雷码(0000～1101)是取 4 位格雷码中的十个代码组成的,它仍然具有格雷码的优点。

(2) 数字系统处理的数据不仅有数码,还有字母、标点符号、运算符号及其他特殊符号等,这些符号都必须使用二进制代码来表示。目前,应用最广泛的字符集及其编码是 ASCII 码,即美国信息交换标准码(American Standard Code for Information Interchange)。

## 1.3　难点释疑

1. 数字电路中为什么采用二进制而不采用十进制? 为什么也常采用八进制或十六进制?

**答**：在不同数制中,十进制无疑是人们日常生活和工作中最常用的一种,但从数字电路的角度,采用十进制是不方便的。因为构成数字电路的基本思路是把电路的状态与数码对应起来,而十进制数有 10 个数码,必须用 10 种不同的电路状态来对应,这给电路实现上带来许多困难,因此在数字电路中不直接采用十进制。二进制不仅计数规则简单,而且与电子器件的开、关状态相对应,使用电子器件的两种不同工作状态可以方便地表示 1 位二进制数,所以在数字电路中通常采用二进制计数制。用二进制表示一个比较大的数时位数较多,不便读写和记忆,因此在数字电路中还常采用八进制或十六进制,而且它们之间的转换非常容易,这给使用不同数制解决逻辑问题带来极大的方便。

**2. 何为 8421BCD 码? 它与自然二进制数有何区别?**

**答**:8421BCD 码是最常用的一种 BCD 码,这种编码每位的权和自然二进制码相应位的权是一致的,从高到低依次为 8、4、2、1,故称为 8421BCD 码。8421BCD 码与自然二进制数的前 10 个数码完全相同,后 6 个对 8421BCD 码来说是无关项,而对自然二进制数来说是有效数字。

**3. 将十进制数转换为二进制(或任意进制)数时,如何根据转换误差要求确定小数的位数?**

**答**:将十进制数转换为二进制(或任意进制)数时,整数部分的转换通常采用除 2(基数)取余法,小数部分的转换采用乘 2(基数)取整法。在转换过程中有时会出现二进制数不能完全表示十进制数的情况,从而导致转换误差。这个误差是由二进制数小数的位数决定的,因此,首先要根据转换误差要求确定小数的位数。

例如,将 $(0.562)_D$ 转换成二进制数,求转换误差 $\varepsilon \leqslant 2^{-6}$ 和 $\varepsilon < 1\%$ 两种情况的结果。

假设二进制数小数部分的位数为 $m$,要求 $\varepsilon \leqslant 2^{-6}$,即 $2^{-m} \leqslant 2^{-6}$,因此可求出 $m \geqslant 6$,取 $m = 6$ 即可,因此有

$$0.562 \times 2 = 1.124 \cdots\cdots 取整为 1 \cdots\cdots b_{-1}$$
$$0.124 \times 2 = 0.248 \cdots\cdots 取整为 0 \cdots\cdots b_{-2}$$
$$0.248 \times 2 = 0.496 \cdots\cdots 取整为 0 \cdots\cdots b_{-3}$$
$$0.496 \times 2 = 0.992 \cdots\cdots 取整为 0 \cdots\cdots b_{-4}$$
$$0.992 \times 2 = 1.984 \cdots\cdots 取整为 1 \cdots\cdots b_{-5}$$
$$0.984 \times 2 = 1.968 \cdots\cdots 取整为 1 \cdots\cdots b_{-6}$$

所以得 $(0.562)_D = (0.100011)_B$。

验证转换误差:由于 $(0.100011)_B = 1 \times 2^{-1} + 1 \times 2^{-5} + 1 \times 2^{-6} = (0.546875)_D$,因此 $\varepsilon = 0.562 - 0.546875 = 0.015125 < 2^{-6}(0.015625)$,满足要求。

若要求 $\varepsilon < 1\%$,即 $2^{-m} \leqslant 1\%$,则可求出 $m \geqslant \dfrac{2}{\lg 2} = 6.64$,取 $m = 7$,由于 $0.968 > 0.5$,因此 $b_{-7} = 1$,所以得 $(0.562)_D = (0.1000111)_B$。

验证转换误差:由于 $(0.1000111)_B = 1 \times 2^{-1} + 1 \times 2^{-5} + 1 \times 2^{-6} + 1 \times 2^{-7} = (0.5546875)_D$,因此 $\varepsilon = 0.562 - 0.5546875 \approx 0.73\%$,满足要求。

**4. 为什么采用补码相加可实现减法运算? 为什么两个数的补码相加后会产生溢出**

从而导致错误的结果?

**答**:在数字系统中,为了简化电路,二进制减法运算通常用补码相加实现。我们在日常生活中也可以见到用补码相加完成减法运算的实例。例如,钟表指针的校正,若时针指在 6 点,而正确的时间应为 1 点时,可以采取两种方法校正:一种方法是将时针逆时针回拨 5 格至 1 点,即 $6-5=1$;另一种方法是将时针顺时针拨 7 格至 1 点,即 $6+7=13$,也是 1 点。由于钟表时针的最大刻度为 12,因此超过 12 的进位被自动舍去。这个例子说明减法运算 $6-5$ 可以用加法运算 $6+7$ 完成,即减去一个数可以用加上它的补码计算。这里,时针的最大刻度为 12,$-5$ 的补码为 7。

两个补码相加后,当运算结果超出数值位所能表示的范围时,称为溢出。显然,两个补码数相加,只有在符号位相同时有可能产生溢出。解决溢出的办法是将数值位扩大。

## 1.4 重点剖析

【**例 1.1**】 把十进制数 0.39 转换成二进制数,要求误差不大于 0.1%。

**解**:由于 $\dfrac{1}{2^{10}}=\dfrac{1}{1024}<0.1\%$,因此要求误差不大于 0.1%,只需保留至小数点后十位。采用"乘 2 取整"法可求得 $(0.39)_D=(0.0110001111)_B$。

**注**:该题主要考查"乘 2 取整"法以及根据容许误差判断所需保留位数的方法。

【**例 1.2**】 在 6 位二进制数字系统中,用补码运算计算下列各式的结果。

(1) $3+16$;(2) $9-13$

**解**:(1) $+3$ 的补码为 000011,$+16$ 的补码为 010000,则有

$$
\begin{array}{r}
000011 \\
+\ 010000 \\
\hline
010011
\end{array}
$$

因此,$3+16$ 的补码是 010011,结果为正数。正数的原码与补码相同,可知真值为 10011,即十进制数 19。

(2) $+9$ 的补码为 001001,$-13$ 的补码为 110011,则有

$$
\begin{array}{r}
001001 \\
+\ 110011 \\
\hline
111100
\end{array}
$$

因此,$9-13$ 的补码是 111100,结果为负数。对结果再次求补,则得到原码为 100100,可知真值为 $-00100$,即十进制数 $-4$。

**注**:利用二进制的补码可以把减法运算转换为加法运算,从而简化了运算电路。

【**例 1.3**】 将下列十进制数转换为等值的 8421 码、2421 码和余 3 码。

(1) $(194)_D$;(2) $(10.28)_D$

**解**:(1) $(194)_D=(0001\ 1001\ 0100)_{8421}=(0001\ 1111\ 0100)_{2421}$

$= (0100\ 1100\ 0111)_{余3}$

(2) $(10.28)_D = (0001\ 0000.0010\ 1000)_{8421} = (0001\ 0000.0010\ 1110)_{2421}$

$= (0100\ 0011.0101\ 1011)_{余3}$

＊**特别提示**：BCD 码是一种 4 位二进制代码,特定地表示十进制的十个数码。任何情况下都不允许省略,比如：当最高位或最低位出现 0 时,必须写全 4 位数码,不能省略。

## 1.5 同步自测

### 1.5.1 同步自测题

一、填空题

1. 数字信号在时间和幅值上是_____的；数字电路是传输和处理_____的电子电路。

2. $(1011.101)_B = ($ $)_D$；$(321.4)_O = ($ $)_D$；$(6FA)_H = ($ $)_D$。

3. 十 六 进 制 数 A4B 转 换 成 十 进 制 数 为 _____,把 它 写 成 8421BCD 码 为_____。

4. 带 符 号 的 二 进 制 数 （ － 1110）的 原 码、反 码、补 码 分 别 为 _____、_____、_____。

5. 十进制数－31 用 6 位原码表示为_____,用补码表示为_____。

6. 十进制数 59 对应的 8421BCD 码为_____,余 3 码为_____。

7. 8421BCD 码 10010111 对应的十进制数为_____。

8. 二进制数乘法运算过程是由左移被乘数与加法运算组成的,该描述是否正确：_____。

二、计算题

1. 将 $(25.46)_D$ 转换为二进制数,要求转换误差小于 2%。

2. 将 $(BD.6E)_H$ 转换为二进制数和八进制数。

3. 已知二进制数 $x = +1010$,$y = -0100$,请用 5 位补码求 $x+y$。

### 1.5.2 同步自测题参考答案

一、填空题

1. 离散；数字信号

2. 11.625；209.5；1786

3. 2635；0010 0110 0011 0101

4. 111111；100001

5. 11110；10001；10010

6. 0101 1001；1000 1100

7. 93

二、计算题

1. **解**：首先根据转换误差要求，求出小数的位数 $2^{-m} < 2\%$，$m > \dfrac{\lg 50}{\lg 2} \approx 5.6$，取 $m = 6$。

$(25.46)_D = (11001.011101)_B$

2. **解**：$(BD.6E)_H = (1011\ 1101.0110111)_B = (275.334)_O$

3. **解**：$(x+y)_{补} = 01010 + 11100 = 00110$，由补码可求出：$x + y = +0110$

# 1.6 习题解答

1.1 将下列二进制数转换为等值的十进制数。

(1) $(11001011)_B$；(2) $(101010.101)_B$；(3) $(0.0011)_B$

**解**：(1) $(11001011)_B = (203)_D$；(2) $(101010.101)_B = (42.625)_D$；(3) $(0.0011)_B = (0.1875)_D$

1.2 将下列十进制数转换为等值的二进制数，转换误差 $\varepsilon$ 小于 $2^{-6}$。

(1) $(145)_D$；(2) $(27.325)_D$；(3) $(0.897)_D$

**解**：(1) $(145)_D = (10010001)_B$；(2) $(27.325)_D = (11011.010100)_B$；(3) $(0.897)_D = (0.111001)_B$

1.3 将下列二进制数转换为等值的八进制数和十六进制数。

(1) $(1101011.011)_B$；(2) $(111001.1101)_B$；(3) $(100001.001)_B$

**解**：(1) $(1101011.011)_B = (153.3)_O = (6B.6)_H$

(2) $(111001.1101)_B = (71.64)_O = (39.D)_H$

(3) $(100001.001)_B = (41.1)_O = (21.2)_H$

1.4 将下列十六进制数转换为等值的二进制数、八进制数和十进制数。

(1) $(26E)_H$；(2) $(4FD.C3)_H$；(3) $(79B.5A)_H$

**解**：(1) $(26E)_H = (1001101110)_B = (1156)_O = (622)_D$

(2) $(4FD.C3)_H = (10011111101.11000011)_B = (2375.606)_O = (1277.76171875)_D$

(3) $(79B.5A)_H = (11110011011.0101101)_B = (3633.264)_O = (1947.3515625)_D$

1.5 将下列有符号的十进制数转换成相应的二进制数真值、原码、反码和补码。

(1) $+19$    (2) $-29$    (3) $+115$    (4) $-37$

**解**：(1) $+19$ 的二进制数真值为 $+10011$，正数的原码、反码和补码相同，即 $010011$。

(2) $-29$ 的二进制数真值为 $-11101$，$[-11101]_{原} = 111101$，$[-11101]_{反} = 100010$，$[-11101]_{补} = 100011$。

(3) $+115$ 的二进制数真值为 $+1110011$，正数的原码、反码和补码相同，即 01110011。

(4) $-37$ 的二进制数真值为 $-100101$，$[-100101]_原=1100101$，$[-100101]_反=1011010$，$[-100101]_补=1011011$。

1.6 已知 $X=+1110101$，$Y=+0101001$，求 $[X-Y]_补$。

**解**：$[X-Y]_补=01110101+11010111=01001100$。

1.7 将下列十进制数转换为等值的 8421BCD 码、5421BCD 码和余 3 BCD 码。

(1) $(54)_D$；(2) $(87.15)_D$；(3) $(239.03)_D$

**解**：(1) $(54)_D=(0101\ 0100)_{8421}=(1000\ 0100)_{5421}=(1000\ 0111)_{余3}$

(2) $(87.15)_D=(1000\ 0111.0001\ 0101)_{8421}=(1011\ 1010.0001\ 1000)_{5421}=(1011\ 1010.0100\ 1000)_{余3}$

(3) $(239.03)_D=(0010\ 0011\ 1001.0000\ 0011)_{8421}=(0010\ 0011\ 1100.0000\ 0011)_{5421}=(0101\ 0110\ 1100.0011\ 0110)_{余3}$

## 1.7　自评与反思

第

**2**

章

逻辑代数

本章主要学习逻辑代数中的逻辑运算、基本公式、基本规则与逻辑函数的表示方法、标准形式和化简方法,重点学习两种逻辑函数化简方法:代数化简法和卡诺图化简法。

## 2.1 学习要求

本章各知识点的学习要求如表 2.1.1 所示。

表 2.1.1 第 2 章学习要求

| 知　识　点 | | 学　习　要　求 | | |
|---|---|---|---|---|
| | | 熟练掌握 | 正确理解 | 一般了解 |
| 逻辑运算 | 基本逻辑运算及各逻辑门符号 | √ | | |
| | 复合逻辑运算及各逻辑门符号 | √ | | |
| 基本公式和规则 | 基本公式 | √ | | |
| | 基本规则(代入、对偶、反演) | √ | | |
| 逻辑函数 | 逻辑函数建立方法 | | √ | |
| | 逻辑函数表示方法及相互转换 | √ | | |
| | 逻辑函数的标准形式 | | √ | |
| 逻辑函数的化简 | 代数化简法(公式化简法) | | √ | |
| | 卡诺图化简法 | √ | | |

## 2.2 要点归纳

### 2.2.1 逻辑运算

**1. 与、或、非三种基本逻辑运算**

与、或、非是逻辑函数中三种基本的逻辑运算,表 2.2.1 列出了它们的基本情况。

表 2.2.1 三种基本逻辑运算

| 三种基本逻辑运算 | 与 | 或 | 非 |
|---|---|---|---|
| 逻辑关系描述 | 当决定一件事情的全部条件都具备时,这件事情才会发生 | 当决定一件事情的几个条件中,只要有一个或一个以上条件具备,这件事情就会发生 | 某事情发生与否,仅取决于一个条件,而且是对该条件的否定 |
| 真值表 | $A$ $B$ $L$<br>0 0 0<br>0 1 0<br>1 0 0<br>1 1 1 | $A$ $B$ $L$<br>0 0 0<br>0 1 1<br>1 0 1<br>1 1 1 | $A$ $L$<br>0 1<br>1 0 |

续表

| 三种基本逻辑运算 | 与 | 或 | 非 |
|---|---|---|---|
| 表达式 | $L=A \cdot B$ | $L=A+B$ | $L=\overline{A}$ |
| 逻辑符号 | | | |

### 2. 其他常用复合逻辑运算

以三种基本逻辑运算为基础,可以组成任意的复合逻辑运算,常用的几种复合逻辑运算见表 2.2.2。

**表 2.2.2　常用的几种复合逻辑运算**

| 复合运算 | 与非 | 或非 | 与或非 | 异或 | 同或 |
|---|---|---|---|---|---|
| 表达式 | $L=\overline{A \cdot B}$ | $L=\overline{A+B}$ | $L=\overline{A \cdot B + C \cdot D}$ | $L=A \oplus B$ | $L=A \odot B$ |
| 真值表 | A B L<br>0 0 1<br>0 1 1<br>1 0 1<br>1 1 0 | A B L<br>0 0 1<br>0 1 0<br>1 0 0<br>1 1 0 | 略 | A B L<br>0 0 0<br>0 1 1<br>1 0 1<br>1 1 0 | A B L<br>0 0 1<br>0 1 0<br>1 0 0<br>1 1 1 |
| 逻辑符号 | | | | | |

### 3. 逻辑门

在数字电路中,能够实现上述不同逻辑运算的电路称为逻辑门电路,简称逻辑门(Logic Gates)。逻辑门是数字集成电路的基本组件。常见的逻辑门包括与门、或门、非门、与非门、或非门、异或门等。

## 2.2.2　逻辑代数的基本公理、基本公式和基本规则

### 1. 逻辑代数的基本公理

逻辑代数包含以下 5 个基本公理:

**公理 1**:设 $A$ 为逻辑变量,若 $A \neq 0$,则 $A=1$;若 $A \neq 1$,则 $A=0$。

**公理 2**:$0 \cdot 0 = 0$;$1+1=1$。

**公理 3**：$1 \cdot 1 = 1$；$0 + 0 = 0$。

**公理 4**：$0 \cdot 1 = 0$；$1 + 0 = 1$。

**公理 5**：$\overline{0} = 1$；$\overline{1} = 0$。

### 2. 逻辑代数的基本公式

逻辑代数的基本公式见表 2.2.3。

**表 2.2.3 逻辑代数的基本公式**

| 名称 | 公式 1 | 公式 2 |
|------|--------|--------|
| 0-1 律 | $A \cdot 1 = A$  $A \cdot 0 = 0$ | $A + 0 = A$  $A + 1 = 1$ |
| 互补律 | $A\overline{A} = 0$ | $A + \overline{A} = 1$ |
| 重叠律 | $AA = A$ | $A + A = A$ |
| 交换律 | $AB = BA$ | $A + B = B + A$ |
| 结合律 | $A(BC) = (AB)C$ | $A + (B + C) = (A + B) + C$ |
| 分配律 | $A(B + C) = AB + AC$ | $A + BC = (A + B)(A + C)$ |
| 反演律 | $\overline{AB} = \overline{A} + \overline{B}$ | $\overline{A + B} = \overline{A}\,\overline{B}$ |
| 吸收律 | $A(A + B) = A$  $A(\overline{A} + B) = AB$ | $A + AB = A$  $A + \overline{A}B = A + B$ |
| 对合律 | $\overline{\overline{A}} = A$ | |

**注意**：以上基本公式尽管有些与一般代数公式在形式上相同，但本质上是不同的，它们体现的是逻辑关系而不是数值关系。

### 3. 逻辑代数的基本规则

（1）代入规则——对于任何一个逻辑等式，以某个逻辑变量或逻辑函数同时取代等式两端任何一个逻辑变量后，等式依然成立。

（2）对偶规则——若两个逻辑函数表达式相等，则它们的对偶式也一定相等。

对偶式：将一个逻辑函数 $L$ 进行下列变换：$\cdot \rightarrow +$，$+ \rightarrow \cdot$，$0 \rightarrow 1$，$1 \rightarrow 0$，所得新函数表达式称为 $L$ 的对偶式，用 $L'$ 表示。

（3）反演规则——将一个逻辑函数 $L$ 进行下列变换：$\cdot \rightarrow +$，$+ \rightarrow \cdot$；$0 \rightarrow 1$，$1 \rightarrow 0$；原变量 $\rightarrow$ 反变量，反变量 $\rightarrow$ 原变量。所得新函数表达式称为 $L$ 的反函数，用 $\overline{L}$ 表示。

## 2.2.3 逻辑函数

### 1. 逻辑函数的定义

描述逻辑关系的函数称为逻辑函数。一般地说，若输入逻辑变量 $A, B, C, \cdots$ 的取值确定后，输出逻辑变量 $L$ 的值也唯一地确定了，则称 $L$ 是 $A, B, C, \cdots$ 的逻辑函数，写作：

$$L = f(A, B, C, \cdots)$$

式中，逻辑函数 $L$ 及逻辑变量 $A, B, C, \cdots$ 均为二值量，只能表达两种对立的逻辑状态，对立的逻辑状态常用逻辑"0"和逻辑"1"表示。任何逻辑函数是由三种基本逻辑运算综合的结果。

### 2. 逻辑函数的建立

逻辑函数是从生活和生产实践中抽象出来的,只要能明确地用"是"或"否"作出回答的事物,就可以建立起相应的逻辑函数。步骤如下:

(1) 设置变量和函数。

(2) 状态赋值。

(3) 根据题意及上述规定列出函数的真值表。

(4) 由真值表写出函数表达式。

### 3. 逻辑函数的表示方法

描述逻辑函数的方法有真值表、函数表达式、逻辑图和卡诺图。

(1) 真值表——将输入逻辑变量的各种可能取值和相应的函数值排列在一起而组成的表格。$n$ 个逻辑变量共有 $2^n$ 种可能的取值组合。

(2) 函数表达式——由逻辑变量和"与""或""非"三种运算符所构成的表达式。

(3) 逻辑图——由逻辑符号及它们之间的连线所构成的图形。

(4) 卡诺图——由代表最小项或最大项的小方格按相邻原则排列而成的方格图。

### 4. 几种表示方法之间的转换

(1) 真值表→函数表达式:在真值表中依次找出函数值等于 1 的变量组合,变量值为 1 的写成原变量,变量值为 0 的写成反变量,把组合中各个变量相乘,最后把这些乘积项相加,即可得到函数的与或表达式;同样,由真值表也可以写出函数的或与表达式,读者可自行描述其方法。

(2) 函数表达式→真值表:依次将变量的各种取值组合代入表达式,求出相应的函数值,填入表中,即可得到相应的真值表。

(3) 函数表达式→逻辑图:根据表达式中的运算关系,画出对应的逻辑符号及连线。

(4) 逻辑图→函数表达式:根据逻辑电路,由输入到输出逐级写出逻辑符号对应的表达式。

(5) 真值表、函数表达式→卡诺图:根据真值表、函数表达式对应的最小项或最大项,分别写入卡诺图中。同样,也可以根据卡诺图中的最小项或最大项分别写出真值表和函数表达式。

## 2.2.4 逻辑函数的两种标准形式

### 1. 最小项及其性质

在 $n$ 个变量的逻辑函数中,包含全部变量的乘积项称为**最小项**。最小项的性质如下：

（1）对于任意一个最小项，只有一组变量取值使它的值为 1，而其余各种变量取值均使它的值为 0。

（2）对于变量的任一组取值，任意两个最小项的乘积为 0。

（3）对于变量的任一组取值，全体最小项的和为 1。

（4）由 $n$ 个变量构成的逻辑函数最小项，每个最小项有 $n$ 个相邻最小项。

2. 最大项及其性质

在 $n$ 个变量的逻辑函数中，包含全部变量的或项称为**最大项**。最大项的性质如下：

（1）对于任意一个最大项，只有一组变量取值使它的值为 0，而其余各种变量取值均使它的值为 1。

（2）对于变量的任一组取值，任意两个最大项的和为 1。

（3）对于变量的任一组取值，全体最大项的乘积为 0。

（4）由 $n$ 个变量构成的逻辑函数最大项，每个最大项有 $n$ 个相邻最大项。

**注意**：根据最小项和最大项的定义可知，最小项和最大项之间存在如下关系：

$$M_i = \overline{m_i}$$

3. 逻辑函数的标准与或表达式

标准与或表达式又称为最小项之和表达式，即函数表达式中每一个与项均为最小项。

4. 逻辑函数的标准或与表达式

标准或与表达式又称为最大项之积表达式，即函数表达式中每一个或项均为最大项。

## 2.2.5 逻辑函数的代数化简法

最简与或表达式满足下列条件：①与项最少，即表达式中"＋"号最少；②每个与项中的变量数最少，即表达式中"·"号最少。

最简或与表达式满足下列条件：①或项最少，即表达式中"·"号最少；②每个或项中的变量数最少，即或项中"＋"号最少。

代数化简法是运用逻辑代数的基本公式和基本规则进行化简，又称为公式化简法。代数化简法没有固定的步骤，常用的化简方法有以下几种：

（1）并项法。运用公式 $A + \overline{A} = 1$，将两项合并为一项，消去一个变量。

（2）吸收法。运用吸收律 $A + AB = A$ 消去多余的与项。

（3）消去法。运用吸收律 $A + \overline{A}B = A + B$ 消去多余的因子。

（4）配项法。先通过乘以 $A + \overline{A}(=1)$ 或加上 $A\overline{A}(=0)$，增加必要的乘积项，再用以

上方法化简。

在函数化简的过程中,要灵活运用上述方法,才能将逻辑函数化为最简。还要注意逻辑代数与一般代数的区别,比如:逻辑代数中没有减法和除法,所以化简过程中不能移项或等式两边同乘某个因子。

## 2.2.6 逻辑函数的卡诺图化简法

### 1. 卡诺图

卡诺图是具有逻辑相邻性的图形(即相邻两格中的变量取值只有一个变量有 0、1 差别)。也可以看作真值表的变形。图 2.2.1 给出了二、三、四变量的卡诺图。

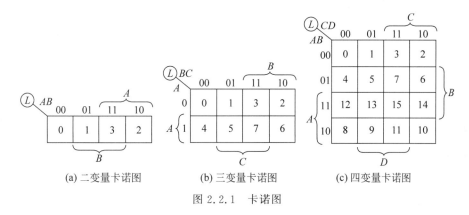

| (a) 二变量卡诺图 | (b) 三变量卡诺图 | (c) 四变量卡诺图 |

图 2.2.1　卡诺图

### 2. 用卡诺图表示逻辑函数

1) 真值表→卡诺图
将真值表中各行的函数 $L$ 的取值填入卡诺图中对应的小方格内。

2) 逻辑表达式→卡诺图
(1) 当逻辑函数为最小项表达式时:将函数式中出现的最小项在卡诺图对应的小方格中填 1,没出现的最小项在卡诺图对应的小方格中填 0。

(2) 当逻辑函数为非最小项表达式时:将其先化成最小项表达式,再填入卡诺图。若表达式是与或式,也可直接填入:将式中每一个与项在卡诺图中所覆盖的最小项方格内全部填 1,其余的填 0。

### 3. 与或表达式的卡诺图化简

用卡诺图化简法将逻辑函数化简为最简与或表达式,一般步骤如下:
(1) 根据函数的变量数画出卡诺图,将函数值填入。
(2) 圈"1"。
圈"1"的原则:

① 圈要尽可能大,这样消去的变量就多。但每个圈内只能含有 $2^n$($n=0,1,2,3,\cdots$)个相邻项。要特别注意对边相邻性和四角相邻性。

② 圈的个数尽量少,这样化简后的逻辑函数的与项就少。

③ 卡诺图中所有取值为 1 的方格均要被圈过,即不能漏下取值为 1 的最小项。

④ 取值为 1 的方格可以被重复圈在不同的包围圈中,但在新画的包围圈中至少要含有 1 个未被圈过的 1 方格,否则该包围圈是多余的。

(3) 写出最简逻辑表达式。

每一个圈写一个最简与项。规则是:消去有 0、1 变化的变量,保留不变的变量,取值为 1 的变量用原变量表示,取值为 0 的变量用反变量表示,将这些变量相与。然后将所有与项进行逻辑加,即得最简与或表达式。

**4. 或与表达式的卡诺图化简**

或与表达式的卡诺图化简过程和与或表达式的卡诺图化简过程基本上是相同的,只不过对卡诺图中的"0"进行画圈而产生合并的或项,需要注意的是,取值为 0 的变量用原变量表示,取值为 1 的变量用反变量表示,将各合并的或项相与,即可得到所求的最简或与表达式。

**5. 具有无关项的逻辑函数的化简**

无关项(任意项或约束项)——在有些逻辑函数中,输入变量的某些取值组合不会出现,或者一旦出现,逻辑值可以是任意的。这样的取值组合所对应的最小项。

无关项对应的函数值可以任取(0 或 1),用"×"表示。在化简过程中,可以根据使函数尽量得到简化而定。

**6. 代数化简法和卡诺图化简法的比较**

代数化简法的特点是不受变量数目的限制,但技巧性强,需要灵活、熟练地运用各种公式和定理来化简,并且不易将函数化为最简。而卡诺图化简法步骤规范、容易掌握,易于将函数化为最简,但受变量数目的限制,常用于二至四个变量的逻辑函数的化简(五变量以上函数的卡诺图过于庞大、烦琐)。

还要注意,逻辑函数的化简结果不是唯一的。

## 2.3 难点释疑

2.1 逻辑运算和算术运算有何不同?

**答**:在第 1 章学到,二进制数之间可以进行数值运算,把这种运算称为算术运算。二进制数之间的运算规则和十进制数的运算规则基本相同,所不同的是二进制中相邻位数之间的进位和借位关系为"逢二进一""借一当二"。

当二进制数码 0 和 1 表示两个不同的逻辑状态时,它们之间可以按照某种因果关系进行逻辑运算。这种逻辑运算与算术运算有着本质上的差别。逻辑变量、逻辑函数的值都与数值大小无关,逻辑运算的结果表示在某种条件下,逻辑事件是否发生。逻辑运算遵循自己特殊的规律,由 3 种基本逻辑运算组合,即与运算、或运算、非运算。

2.2 逻辑变量和普通代数中的变量相比有哪些不同特点?

答:逻辑变量只有 0 和 1 两个取值。用它可以表示某一事物的真与假、是与非、有与无、高与低、电灯的亮与灭和电路的通与断等两个相互对立的状态。逻辑变量取值不表示数值大小。普通代数中的变量取值是十进制数,可以是整数、实数、分数等,取值通常表示数的大小。

2.3 逻辑函数化简的目的和意义是什么?

答:在设计实际电路时,除了考虑实现逻辑功能外,往往还需综合考虑电路成本低、元器件种类少、电路工作速度快以及可靠性等。直接按逻辑要求归纳出的逻辑函数式及对应的逻辑电路,通常不是最简形式,因此,需要对逻辑函数进行化简。逻辑函数化简的目的是用最少的逻辑器件来实现所需的逻辑功能。

在使用中小规模集成器件实现逻辑电路设计的情况下,逻辑函数化简更为重要,要使用手头上已有的或实际容易购买的器件种类,并尽量用最少的输入输出端、最少的器件和最少的连线,从而降低成本,提高电路的可靠性。

2.4 卡诺图化简逻辑函数的依据是什么?在卡诺图化简中,如何处理无关项?

答:卡诺图化简逻辑函数依据的基本原理是逻辑相邻的最小项或最大项可以合并,若相邻最小项或最大项数为 $2^n$,则可消去 $n$ 个变量。

根据无关项的随意性,在用卡诺图化简具有无关项的逻辑函数时,可以根据需要把无关项当 0 或 1 处理。例如,若用圈 1 法将逻辑函数化简为最简与或表达式,在圈内的无关项的取值是当 1 处理,在圈外的无关项的取值是当 0 处理。

## 2.4 重点剖析

【例 2.1】 已知函数 $L = A\overline{BC} + A\overline{CD} + \overline{A}CD + BC\overline{D}$,试分别用最小项之和 $\sum m_i$ 和最大项之积 $\prod M_j$ 的形式表示。

解:通常可以采用配项法把一个逻辑函数表示成最小项之和,也可以通过卡诺图直接得到。画出函数的卡诺图如例图 2.1 所示。

由例图 2.1 可知,函数 $L$ 的最小项之和 $\sum m_i$ 的形式为

$$L = \sum m(3,6,7,8,9,13,14)$$

由例图 2.1 可知,不是 1 的方格内是 0。因此,有了最小项之和的表达式或卡诺图,就可以根据最小项和最大项的互补关系,即 $\sum m_i = \prod M_j (j \neq i)$,求出函数 $L$ 的最大项之积 $\prod M_j$ 的形式为

$$L = \prod M(0,1,2,4,5,10,11,12,15)$$

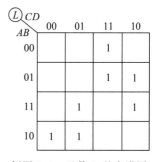

例图 2.1 函数 $L$ 的卡诺图

**注意**：对于一个 $n$ 变量的逻辑函数 $L$，若 $L$ 的标准与或表达式由 $k$ 个最小项之和构成，则 $L$ 的标准或与表达式一定由 $2^n - k$ 个最大项之积构成，并且对于任何一组变量取值组合对应的 $i$，若标准与或表达式中不含 $m_i$，则标准或与表达式中一定含有 $M_i$。

【**例 2.2**】 试用代数化简法将函数 $Y = (A+B)(\bar{B}+C)(A+C)$ 化简为最简或与表达式。

**解**：通常采用代数化简法可以很方便将逻辑函数化简为最简与或表达式，若遇到本例函数是以或与表达式的形式给出的，且要求化简为最简的或与表达式，可考虑运用逻辑代数的对偶规则，其过程为：先采用对偶规则将给定的函数变换为与或表达式的形式，然后将其化简为最简与或表达式，最后再对最简与或表达式进行对偶变换，即可得到原函数的最简或与表达式。

函数 $Y$ 的对偶式 $Y' = AB + \bar{B}C + AC$，运用吸收律，将 $Y'$ 化简为最简与或表达式为

$$Y' = AB + \bar{B}C$$

再对 $Y'$ 求对偶式，得 $Y$ 的最简或与表达式为

$$Y = (A+B)(\bar{B}+C)$$

【**例 2.3**】 用卡诺图化简函数 $L(A,B,C,D) = \sum m(3,4,5,7,8,11,15) + \sum d(0,1,2,10,13)$ 为最简与或表达式。

**解**：无关项的存在对函数的输出不会有影响，因此在化简过程中，可任意设定无关项的值，从而使化简结果更为简单。函数 $L$ 的卡诺图如例图 2.3 所示，由图可知，化简后的结果为 $L(A,B,C,D) = \bar{A}C + \bar{B}\bar{D} + CD$。

【**例 2.4**】 用卡诺图化简函数 $L(A,B,C,D) = \sum m(0,3,5,8,9) + \sum d(1,10,11,12,13,14)$ 为最简或与表达式。

**解**：逻辑函数最简或与表达式的化简可以用卡诺图合并最大项的方法来实现。函数 $L$ 的表达式为最小项之积的形式，在化简前应先将其变换为最大项之和的形式。另外，无关项在化简过程中同样既可以设定为 0，也可以设定为 1。

函数 $L$ 的卡诺图如例图 2.4 所示，由图可知，化简后的结果为 $L(A,B,C,D) = (\bar{B}+\bar{C})(\bar{B}+D)(\bar{C}+D)$。

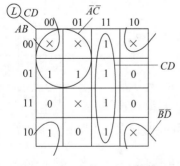

例图 2.3 函数 $L$ 的卡诺图

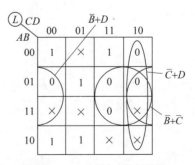

例图 2.4 函数 $L$ 的卡诺图

## 2.5 同步自测

### 2.5.1 同步自测题

**一、填空题**

1. 逻辑函数的常用表示方法有_____、_____、_____和_____。

2. 逻辑代数的基本逻辑运算是_____、_____和_____。

3. 逻辑代数的三种基本规则是_____、_____和_____。

4. 任意两个最小项之积等于_____,全体最小项之和等于_____。

5. 函数 $F = \overline{A}\overline{B} + CD$,其对偶式 $F' = $_____,其反函数 $\overline{F} = $_____。

6. 函数 $F = AB + BC + AC$ 的反函数 $\overline{F}$ 的与或表达式为_____。

7. 逻辑函数 $L(A,B,C) = AB + \overline{A}C$ 的最小项表达式为_____。

**二、选择题**

1. 由 2019 个 1 进行逐次异或运算后的结果为(　　)。

   A. 0　　　　　　　B. 1　　　　　　　C. 2　　　　　　　D. 3

2. $n$ 个变量可以构成(　　)个最小项。

   A. $n$　　　　　　B. $2n$　　　　　　C. $2^n$　　　　　　D. $n^2$

3. 标准与或表达式是由(　　)构成的逻辑表达式。

   A. 最大项之积　　　B. 最小项之积　　　C. 最大项之和　　　D. 最小项之和

4. 标准或与表达式是由(　　)构成的逻辑表达式。

   A. 最大项之积　　　B. 最小项之积　　　C. 最大项之和　　　D. 最小项之和

5. 若逻辑函数 $L_1 = A \odot B$,$L_2 = A \oplus B$,则它们的关系满足(　　)。

   A. $L_1 = L_2$　　　B. $L_1 = L_2 + 1$　　　C. $L_1 = \overline{L_2}$　　　D. $L_1 L_2 = 1$

6. 使逻辑函数 $L = \overline{A}B + C\overline{D}$ 为 1 的最小项有(　　)个。

   A. 5　　　　　　　B. 6　　　　　　　C. 7　　　　　　　D. 8

**三、求解题**

1. 用卡诺图化简逻辑函数 $L = \sum m(2,3,4,5,9) + \sum d(10,11,12,13)$ 为最简与或表达式。

2. 已知逻辑函数 $L(A,B,C,D) = \prod M(1,2,3,6,7,9,11,13)$,试化简成最简与或表达式。

3. 某逻辑电路的输入变量为 $A$、$B$、$C$,当输入中 1 的个数多于 0 的个数时,输出为 1。列出该逻辑电路的真值表,写出逻辑函数表达式并化简为最简与或表达式。

## 2.5.2 同步自测题参考答案

**一、填空题**

1. 真值表、函数表达式、逻辑图、卡诺图
2. 与、或、非
3. 代入规则、对偶规则、反演规则
4. 0,1
5. $(A+B)(\overline{C}+\overline{D})$，$(\overline{A}+\overline{B})(C+D)$
6. $\overline{F}=\overline{A}\overline{B}+\overline{A}C+\overline{B}C$
7. $\sum m(1,3,6,7)$

**二、选择题**

1~6  B、C、D、A、C、C

**三、求解题**

1. **解**：画出四变量卡诺图，如图2.5.1所示。用圈1法得最简与或表达式 $L=B\overline{C}+\overline{B}C+A\overline{B}D$。

2. **解**：画出四变量卡诺图，将表达式中的最大项对应的方格填0，其余填1，如图2.5.2所示。用圈1法得最简与或表达式为 $L(A,B,C,D)=\overline{C}D+A\overline{D}+ABC+\overline{A}B\overline{C}$。

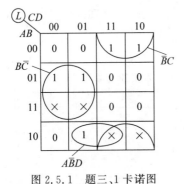

图 2.5.1 题三、1卡诺图

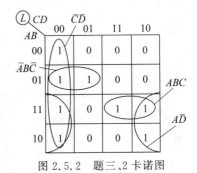

图 2.5.2 题三、2卡诺图

3. **解**：根据题意列出真值表如表2.5.1所示，由真值表写出逻辑表达式 $L=\overline{A}BC+A\overline{B}C+AB\overline{C}+ABC$。画出三变量卡诺图如图2.5.3所示，化简得 $L=AB+BC+AC$。

表 2.5.1 题三、3真值表

| $A$ | $B$ | $C$ | $L$ |
|---|---|---|---|
| 0 | 0 | 0 | 0 |
| 0 | 0 | 1 | 0 |

续表

| $A$ | $B$ | $C$ | $L$ |
| --- | --- | --- | --- |
| 0 | 1 | 0 | 0 |
| 0 | 1 | 1 | 1 |
| 1 | 0 | 0 | 0 |
| 1 | 0 | 1 | 1 |
| 1 | 1 | 0 | 1 |
| 1 | 1 | 1 | 1 |

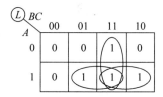

图 2.5.3　题三、3 卡诺图

# 2.6　习题解答

2.1　(1)真值表见解表 2.1-1。(2)真值表见解表 2.1-2。

**解表　2.1-1**

| $A$ | $B$ | $A+\overline{A}B$ | $A+B$ |
| --- | --- | --- | --- |
| 0 | 0 | 0 | 0 |
| 0 | 1 | 1 | 1 |
| 1 | 0 | 1 | 1 |
| 1 | 1 | 1 | 1 |

**解表　2.1-2**

| $A$ | $B$ | $C$ | $(A\oplus B)\oplus C$ | $A\oplus(B\oplus C)$ |
| --- | --- | --- | --- | --- |
| 0 | 0 | 0 | 0 | 0 |
| 0 | 0 | 1 | 1 | 1 |
| 0 | 1 | 0 | 1 | 1 |
| 0 | 1 | 1 | 0 | 0 |
| 1 | 0 | 0 | 1 | 1 |
| 1 | 0 | 1 | 0 | 0 |
| 1 | 1 | 0 | 0 | 0 |
| 1 | 1 | 1 | 1 | 1 |

2.2　(1) $AB$　(2) $AB+\overline{C}$　(3) 0　(4) $A+B$　(5) $BC$

(6) $AD+A\overline{B}C$　(7) $C$　(8) $C\overline{D}+\overline{C}D$　(9) $A+CD$

2.3　(1) $ABC$ 分别取 011,101,110,111 时,$L=(A+B)C+AB$ 的值为 1。

(2) $ABC$ 分别取 001,011,101,110,111 时,$L=AB+\overline{A}C+\overline{B}C$ 的值为 1。

(3) $ABC$ 分别取 011,101 时,$L=(A\overline{B}+\overline{A}B)C$ 的值为 1。

2.4　(1)$\overline{L}=\overline{A}C+\overline{B}C$　(2) $\overline{L}=\overline{A}+C+\overline{D}$　(3) $\overline{L}=\overline{B}+\overline{C}$　(4) $\overline{L}=AB\overline{C}D$

2.5　(1) $L=\sum m(1,3,5,7)=\prod M(0,2,4,6)$

(2) $L=\sum m(1,3,5,7,9,15)=\prod M(0,2,4,6,8,10,11,12,13,14)$

(3) $L=\sum m(3,7)=\prod M(0,1,2,4,5,6)$

2.6 卡诺图见解图 2.6-1～解图 2.6-8,化简后获得的最简与或表达式分别为

(1) $L = \overline{A}C + B\overline{C} + A\overline{B}$

(2) $L = A + \overline{D}$

(3) $L = \overline{C}$

(4) $L = \overline{A}\overline{C}D + B\overline{D} + A\overline{B}D$

(5) $L = B\overline{C} + B\overline{D} + AB + A\overline{C}D + AC\overline{D} + \overline{A}\overline{B}CD$

(6) $L = BD + \overline{B}\overline{D}$

(7) $L = \overline{A}B + D$

(8) $L = \overline{A}C + CD + \overline{C}\overline{D}$

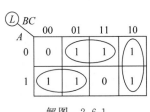

解图 2.6-1

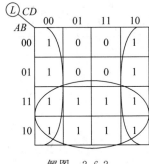

解图 2.6-2

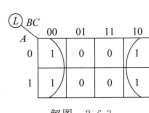

解图 2.6-3

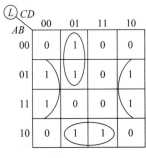

解图 2.6-4

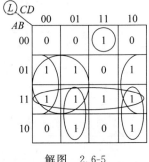

解图 2.6-5

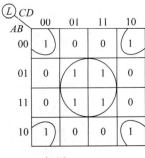

解图 2.6-6

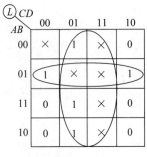

解图 2.6-7

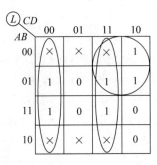

解图 2.6-8

注意：在(3)中，要在卡诺图中表示 $\overline{AC+\overline{A}BC+\overline{B}C}$，只需在卡诺图中将 $AC+\overline{A}BC+\overline{B}C$ 对应的值取反即可。

2.7  先将逻辑函数转换为对应的与非-与非式：

(1) $L=AB+BC=\overline{\overline{AB}\cdot\overline{BC}}$

(2) $L=\overline{D(A+C)}=\overline{\overline{\overline{AD}}\cdot\overline{\overline{CD}}}$

(3) $L=\overline{AB\overline{C}+A\overline{B}C+\overline{A}BC}=\overline{\overline{AB\overline{C}}\cdot\overline{A\overline{B}C}\cdot\overline{\overline{A}BC}}$

根据以上表达式画出逻辑图见解图 2.7-1～解图 2.7-3。

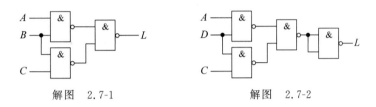

解图  2.7-1          解图  2.7-2

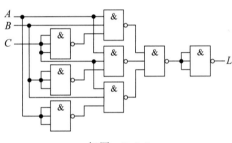

解图  2.7-3

2.8  逻辑函数 $L=A\overline{C}+\overline{A}B+\overline{B}C$ 的真值表如解表 2.8 所示。卡诺图和逻辑图如解图 2.8 所示。

**解表  2.8**

| $A$ | $B$ | $C$ | $L$ |
| --- | --- | --- | --- |
| 0 | 0 | 0 | 0 |
| 0 | 0 | 1 | 1 |
| 0 | 1 | 0 | 1 |
| 0 | 1 | 1 | 1 |
| 1 | 0 | 0 | 1 |
| 1 | 0 | 1 | 1 |
| 1 | 1 | 0 | 1 |
| 1 | 1 | 1 | 0 |

2.9  (a) $L=A\odot B$(真值表略)  (b) $L=A\odot B$(真值表略)

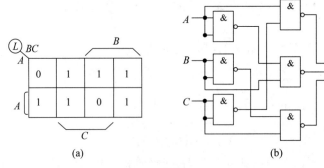

解图 2.8

## 2.7 自评与反思

# 第 3 章

## 逻辑门电路

本章主要学习实现各种逻辑运算的逻辑门电路。首先学习半导体器件的开关特性及其门电路,然后重点学习 TTL 门电路和 MOS 门电路的工作原理、逻辑功能、电气特性及主要参数等。学完本章后,读者能够使用集成门电路设计简单数字电路解决实际应用问题。

## 3.1　学习要求

本章各知识点的学习要求如表 3.1.1 所示。

表 3.1.1　第 3 章学习要求

| 知　识　点 | | 学 习 要 求 | | |
|---|---|---|---|---|
| | | 熟练掌握 | 正确理解 | 一般了解 |
| 电子开关 | 数字电路中逻辑值与电子开关 | | | √ |
| | 理想开关特性 | | √ | |
| 二极管开关特性及其门电路 | 二极管伏安特性、静态开关特性 | | √ | |
| | 二极管的动态开关特性 | | | √ |
| | 二极管与门、非门 | | √ | |
| 三极管开关特性及其门电路 | 三极管工作状态的判断方法、静态开关特性 | √ | | |
| | 三极管的动态开关特性 | | | √ |
| | 三极管非门、DTL 与非门 | | √ | |
| TTL 逻辑门电路 | 内部结构和工作原理 | | √ | |
| | TTL 与非门的电压传输特性、静态输入和输出特性 | √ | | |
| | TTL 与非门的动态特性 | | √ | |
| | OC 门、三态门 | √ | | |
| | TTL 集成逻辑门 | | | √ |
| MOS 逻辑门电路 | MOS 管工作原理、开关特性 | | √ | |
| | NMOS 非门、与非门、或非门 | | √ | |
| | CMOS 非门结构和工作原理 | | √ | |
| | CMOS 电压传输特性、输出特性 | √ | | |
| | CMOS 保护电路、动态特性 | | √ | |
| | CMOS OD 门、三态门、传输门 | √ | | |
| 集成逻辑门电路的应用 | TTL 与 CMOS 门的性能比较 | | | √ |
| | TTL 与 CMOS 器件的接口问题 | √ | | |
| | 两种有效电平及两种逻辑符号 | | √ | |

## 3.2　要点归纳

### 3.2.1　半导体器件的开关特性

**1. 二极管的开关特性**

1）二极管静态开关特性

二极管静态开关特性如表 3.2.1 所示。

表 3.2.1　二极管静态开关特性

| 工作状态 | 导　　通 | 截　　止 |
| --- | --- | --- |
| 条件 | 外加正向电压,且电压值大于死区电压 | 外加反向电压,或加正向电压但电压值小于死区电压 |
| 电路形式 | 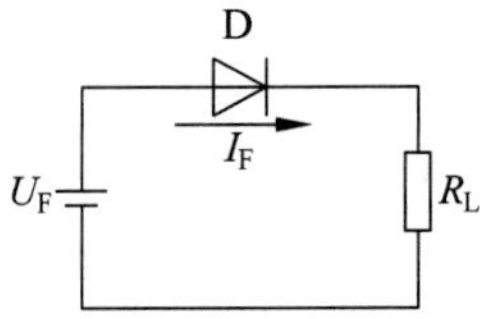 | 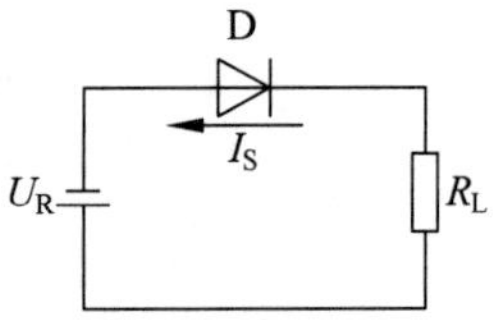 |
| 等效电路 | 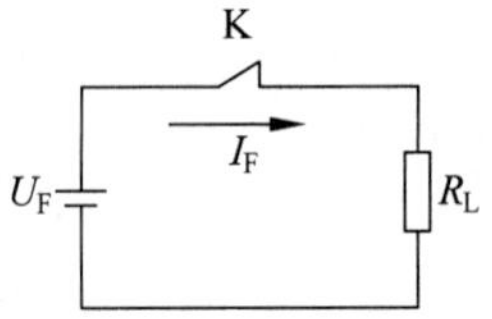 | 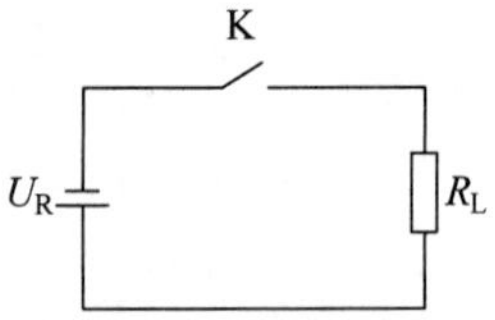 |
| 特点 | 等效电阻很小,如忽略正向压降,相当于开关闭合 | 等效电阻很大,如忽略反向电流 $I_S$,相当于开关断开 |

2）二极管动态开关特性

由于二极管的 PN 结具有等效电容,二极管的通断转换伴随着电容的充放电,需要一定的时间。二极管从截止转换为导通所需的时间称为开通时间 $t_{on}$;从导通转换为截止所需的时间称为关断时间 $t_{off}$,通常也称为反向恢复时间 $t_{re}$。

开通时间 $t_{on}$ 形成的原因:PN 结反向截止电流消失、PN 结达到动态平衡、PN 结正向导通并形成稳定的电荷分布和稳定的正向电流所需要的时间。

反向恢复时间 $t_{re}$ 形成的原因:二极管的存储电荷消散所需要的时间。

2. 三极管的开关特性

1）三极管静态开关特性

三极管静态开关特性如表 3.2.2 所示。

**表 3.2.2　三极管静态开关特性(以 NPN 型硅管为例)**

| 工作状态 | | 截　止 | 放　大 | 饱　和 |
|---|---|---|---|---|
| 条件 | | $i_B \approx 0$ | $0 < i_B < I_{BS}$ | $i_B > I_{BS}$ |
| 工作特点 | 偏置情况 | 发射结电压 $u_{BE} <$ 0.5V,集电结反偏 | 发射结正偏且 $u_{BE} >$ 0.5V,集电结反偏 | 发射结正偏且 $u_{BE} >$ 0.5V,集电结正偏 |
| | 集电极电流 | $i_C \approx 0$ | $i_C = \beta i_B$ | $i_C = I_{CS} \approx V_{CC}/R_C$ |
| | 管压降 | $u_{CE} = V_{CC}$ | $u_{CE} = V_{CC} - i_C R_C$ | $u_{CE} = U_{CES} \approx 0.3V$ |
| | 近似等效电路 | 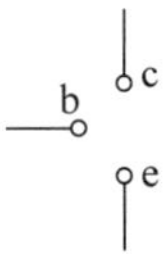 | 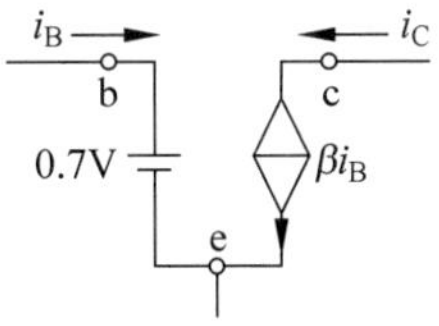 | 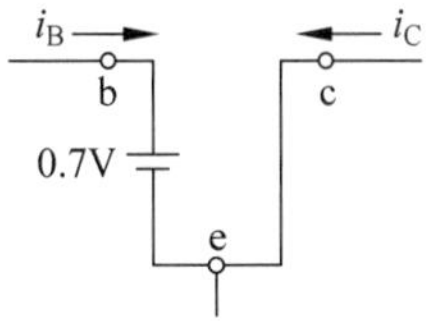 |
| | c、e 间等效电阻 | 很大,约为数百 kΩ,相当于开关断开 | 可变 | 很小,约为数百 Ω,相当于开关闭合 |

2）三极管动态开关特性

三极管从截止到饱和或者从饱和到截止两种状态之间相互转换时,其内部电荷有消散和建立的过程,即动态特性。三极管开关时间的主要参数：

(1) 延迟时间 $t_d$——从输入信号 $u_I$ 正跳变的瞬间开始,到集电极电流 $i_C$ 上升到 $0.1I_{CS}$ 所需的时间。

(2) 上升时间 $t_r$——集电极电流 $i_C$ 从 $0.1I_{CS}$ 上升到 $0.9I_{CS}$ 所需的时间。

(3) 存储时间 $t_s$——从输入信号 $u_I$ 下跳变的瞬间开始,到集电极电流 $i_C$ 下降到 $0.9I_{CS}$ 所需的时间。

(4) 下降时间 $t_f$——集电极电流从 $0.9I_{CS}$ 下降到 $0.1I_{CS}$ 所需的时间。

其中,$t_d$ 和 $t_r$ 之和称为**开通时间** $t_{on}$,即 $t_{on} = t_d + t_r$；$t_s$ 和 $t_f$ 之和称为**关闭时间** $t_{off}$,即 $t_{off} = t_s + t_f$。

3. 场效应管的开关特性

1）场效应管静态开关特性

场效应管静态开关特性如表 3.2.3 所示。

表 3.2.3 场效应管静态开关特性（以 NMOS 管为例）

| 工作状态（工作区） | | 截止区 | 饱和区（恒流区） | 可变电阻区 |
|---|---|---|---|---|
| 电压判断条件 | | $u_{GS}<U_T$ | $u_{GS}\geq U_T$，$u_{GD}\leq U_T$ | $u_{GS}\geq U_T$，$u_{GD}>U_T$ |
| 工作特点 | 沟道情况 | 漏极、源极间无导电沟道 | 漏极、源极间有导电沟道，且沟道有夹断 | 漏极、源极间有导电沟道，且沟道无夹断 |
| | 电流情况（源极电流 $i_G$，漏极电流 $i_D$） | $i_G=0$，$i_D\approx 0$ | $i_G=0$，$i_D=f(u_{GS})$ | $i_G=0$，$i_D>0$ |
| | d、s 间电阻 | $\infty$ | 很大 | 很小 |
| | 近似等效电路 | 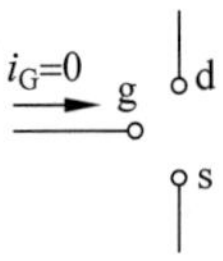 | 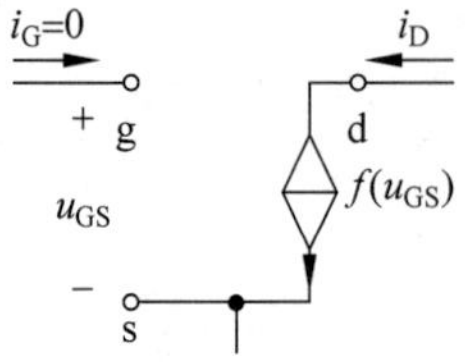 | 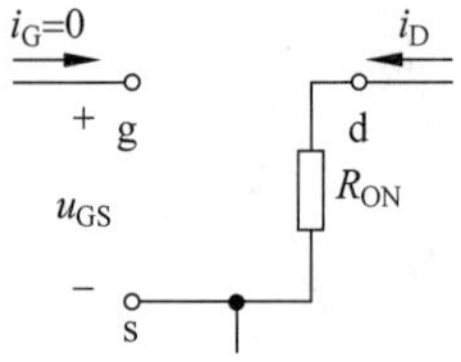 |
| | d、s 间开关作用 | 相当于开关断开 | | 相当于开关闭合 |

2）场效应管动态开关特性

由于 MOS 管极间电容、杂散电容和导通电阻的存在，状态转换要受电容充放电的影响。MOS 管电容上电压不能突变是造成输入或输出电压传输滞后的主要原因。另外，由于 MOS 管的导通电阻比三极管的饱和导通电阻要大得多，漏极电阻也比三极管集电极电阻大，所以，MOS 管的充、放电时间较长，使 MOS 管的开关速度比三极管的开关速度低，即其动态性能较差。

## 3.2.2 TTL 门电路

表 3.2.4 列出了常用的 TTL 门。

表 3.2.4 TTL 门

| 种 类 | 电 路 | 逻辑符号 |
|---|---|---|
| 非门 | 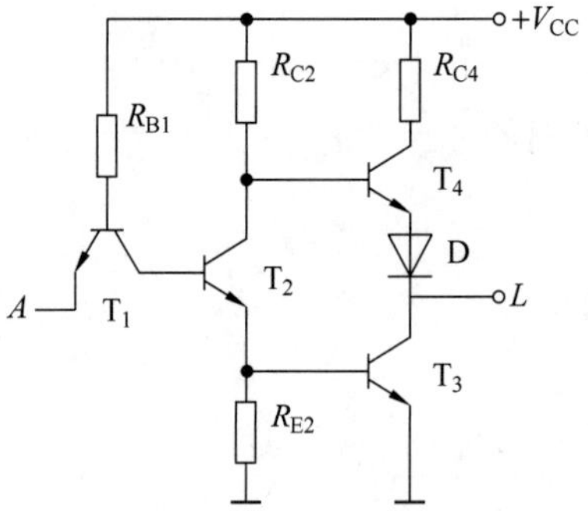 | 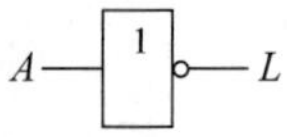 |

续表

| 种　类 | 电　路 | 逻辑符号 |
|---|---|---|
| 与非门 | | |
| 或非门 | | |
| OC 门 | | |
| 三态门 | | |

### 3.2.3 MOS 门电路

MOS 门电路有 NMOS 门和 CMOS 门两大类。

**1. NMOS 门**

NMOS 门的结构及原理见表 3.2.5,其逻辑符号与同种类的 TTL 门的逻辑符号相同。

表 3.2.5 NMOS 门

| 种　　类 | 电　　路 | 结构特点及逻辑符号 |
|---|---|---|
| NMOS 非门 | 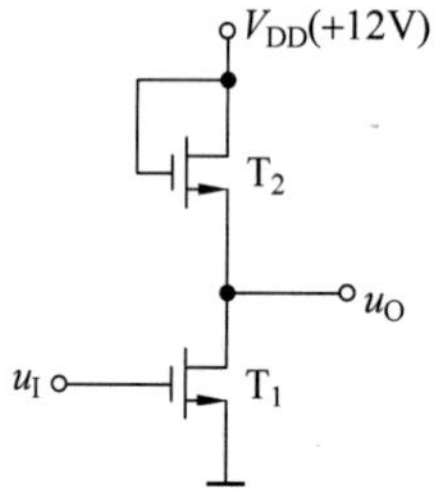 | 当输入 $u_I$ 为高电平 8V 时,$T_1$、$T_2$ 导通。因为两管的导通电阻 $R_{DS1} \ll R_{DS2}$,所以输出电压为 $$u_O = \frac{R_{DS1}}{R_{DS1}+R_{DS2}} V_{DD} \leqslant 1V$$ 输出为低电平。当输入 $u_I$ 为低电平($\leqslant$ 1V)时,$T_1$ 截止,$T_2$ 导通(开启点)。则 $u_O = V_{DD} - U_T = 8V$,输出为高电平。逻辑符号参见表 3.2.4 |
| NMOS 与非门 | 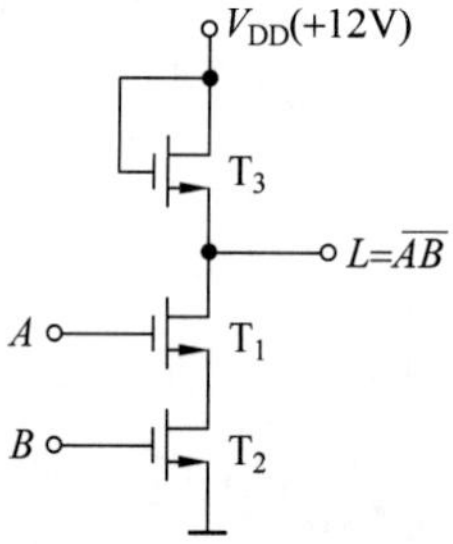 | 所有管子均为 NMOS 管。输入变量个数=工作管($T_1$、$T_2$)个数;所有工作管($T_1$、$T_2$)共用一个负载管($T_3$)。 |
| NMOS 或非门 | | 工作管相串,则输入变量相与;工作管相并,则输入变量相或。逻辑符号参见表 3.2.4 |

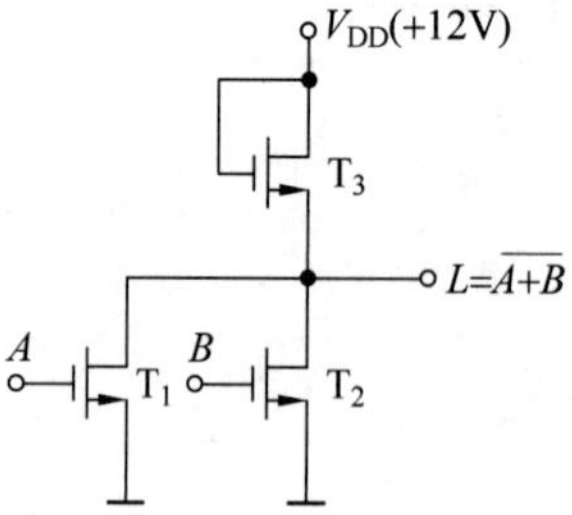

## 2. CMOS 门

表 3.2.6 列出了常用的 CMOS 门,其逻辑符号与同种类的 TTL 门的逻辑符号相同。

表 3.2.6　CMOS 门

| 种　　类 | 电　　路 | 结构特点及逻辑符号 |
|---|---|---|
| CMOS 非门 | | 当输入 $u_I=0\text{V}$ 时,$T_N$ 截止,$T_P$ 导通,$u_O\approx V_{DD}$,输出为高电平;当输入 $u_I=V_{DD}$ 时,$T_N$ 导通,$T_P$ 截止,$u_O\approx 0\text{V}$,输出为低电平。<br>逻辑符号参见表 3.2.4 |
| CMOS 与非门 | | 由 NMOS 管与 PMOS 管互补而成。<br>输入变量个数=工作管个数($T_{N1}$、$T_{N2}$);工作管($T_{N1}$、$T_{N2}$)与负载管($T_{P1}$、$T_{P2}$)一一对应。 |
| CMOS 或非门 | | 工作管是 NMOS 管,负载管是 PMOS 管,且接法不同(工作管之间相串,则负载管之间相并;反之亦然)。<br>工作管相串,则输入变量相与;工作管相并,则输入变量相或。<br>逻辑符号参见表 3.2.4 |
| CMOS 三态门 | | 该电路是低电平有效的三态非门,其逻辑符号如下:<br> |

| 种 类 | 电 路 | 结构特点及逻辑符号 |
|---|---|---|
| CMOS OD 门 | | 逻辑符号与 OC 门的逻辑符号相同；其使用方法与 OC 门相似 |
| CMOS 传输门 | | <br>传输门是 CMOS 特有的门电路 |

### 3.2.4　TTL 逻辑门与 CMOS 逻辑门的性能比较

TTL 逻辑门与 CMOS 逻辑门的性能比较参见表 3.2.7。

**表 3.2.7　TTL 逻辑门与 CMOS 逻辑门的性能比较**

| 电压传输特性 | 参 数 名 称 | TTL | CMOS |
|---|---|---|---|
| | 输出高电平 $U_{OH}/V$ | 3.6 | $V_{DD}$ |
| | 输出低电平 $U_{OL}/V$ | 0.3 | 0 |
| | 输出高电平的最小值 $U_{OH(min)}/V$ | 2.4 | $0.9V_{DD}$ |
| | 输出低电平的最大值 $U_{OL(max)}/V$ | 0.4 | $0.01V_{DD}$ |
| | 关门电平 $U_{OFF}/V$ | 0.8 | $0.45V_{DD}$ |
| | 开门电平 $U_{ON}/V$ | 2.0 | $0.55V_{DD}$ |
| | 阈值电压 $U_{TH}/V$ | 1.4 | $V_{DD}/2$ |
| | 低电平噪声容限 $U_{NL}/V$ | 0.4 | $30\%V_{DD}$ |
| | 高电平噪声容限 $U_{NH}/V$ | 0.4 | $30\%V_{DD}$ |
| | 输入低电平电流 $I_{IL}/mA$ | 1.6 | 0.001 |
| | 输入高电平电流 $I_{IH}/\mu A$ | 40 | 0.1 |
| | 输出低电平电流 $I_{OL}/mA$ | 16 | 0.51 |
| | 输出高电平电流 $I_{OH}/mA$ | 0.4 | 0.51 |
| | 扇出系数/个 | 约 10 | 约 50 |
| | 传输延迟时间 $t_{pd}/ns$ | 9.5 | 45 |
| | 功耗(每门) $P_D/mW$ | 10 | 0.005 |

### 3.2.5　TTL 与 CMOS 器件之间的接口问题

　　TTL 和 CMOS 电路的高、低电平和输入、输出电流参数各不相同,因而在混合使用 TTL 和 CMOS 两种器件时,就存在一个接口问题。

　　TTL 门驱动 CMOS 门或 CMOS 门驱动 TTL 门时,驱动门必须要为负载门提供符合要求的高、低电平和足够的输入电流,即要满足下列条件:

$$驱动门的 U_{\text{OH(min)}} \geqslant 负载门的 U_{\text{IH(min)}} ；$$

$$驱动门的 U_{\text{OL(max)}} \leqslant 负载门的 U_{\text{IL(max)}} ；$$

$$驱动门的 I_{\text{OH(max)}} \geqslant 负载门的 I_{\text{IH(总)}} ；$$

$$驱动门的 I_{\text{OL(max)}} \geqslant 负载门的 I_{\text{IL(总)}} 。$$

### 3.2.6　多余输入端的处理

　　对于 TTL 门电路,如果输入端悬空,从理论上讲相当于接高电平,不影响逻辑关系。但在实际应用中,悬空的输入端容易引入干扰信号,造成逻辑错误,应当尽量避免悬空。

　　对于 MOS 门电路,由于 MOS 管具有很高的输入阻抗,更容易接收干扰信号,在外界有静电干扰时,还会在悬空的输入端积累起高电压,造成栅极击穿。所以,MOS 门电路的多余输入端是绝对不允许悬空的。

　　多余输入端的处理应以不改变电路逻辑关系及稳定可靠为原则,通常采用下列方法:

　　(1) 对于与非门及与门,多余输入端应接高电平,也可以与使用的输入端并联使用;

　　(2) 对于或非门及或门,多余输入端应接低电平,也可以与使用的输入端并联使用。

## 3.3　难点释疑

　　1. 如何判断三极管工作在截止、放大还是饱和状态?

　　**答**:三极管构成的开关电路及三极管输出特性曲线如图 3.3.1 所示。以硅管为例,三极管工作在截止、放大、饱和状态的电流、电压和管压降等参数值如表 3.3.1 所示。

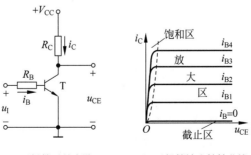

(a) 三极管开关电路　　　(b) 三极管输出特性曲线

图 3.3.1　三极管开关电路

表 3.3.1　三极管开关电路工作特点

| 工 作 状 态 | 截　　止 | 放　　大 | 饱　　和 |
|---|---|---|---|
| 基极电流 $i_B$ | $i_B \approx 0$ | $0 < i_B < I_{BS}$ | $i_B > I_{BS}$ |
| 集电极电流 $i_C$ | $i_C \approx 0$ | $i_C = \beta i_B$ | $i_C = I_{CS} \approx V_{CC}/R_C$ |
| 偏置电压 | 发射结电压 $u_{BE} < 0.5V$，集电结反偏 | 发射结正偏且 $u_{BE} > 0.5V$，集电结反偏 | 发射结正偏且 $u_{BE} > 0.5V$，集电结正偏 |
| 管压降 | $u_{CE} = V_{CC}$ | $u_{CE} = V_{CC} - i_C R_C$ | $u_{CE} = U_{CES} \approx 0.3V$ |
| 开关状态 | 开关断开 |  | 开关闭合 |

由表 3.3.1 可见，判断三极管处于何种工作状态，可以采用如下两种方法：

(1) 电流法。三极管工作在截止状态的条件是 $u_I < 0.5V$（因 $u_I$ 较小且 $u_{CE} = V_{CC}$，所以集电结反偏）。若 $u_I > 0.7V$，三极管处于放大或饱和状态，发射结的导通压降 $U_{BE} = 0.7V$，可计算 $I_{BS}$ 或 $I_{CS}$，然后比较 $i_B$ 与 $I_{BS}$ 的大小或者比较 $i_C$ 与 $I_{CS}$ 的大小，由此可判断三极管的状态。

(2) 电压法。若 $u_I > 0.7V$，也可以采用电压法判断三极管是处于放大还是饱和状态。假设三极管处于放大工作状态，则可求出电流 $i_B$、$i_C$，由此求得 $u_{CE}$ 及三极管的偏置情况，通过 $u_{CE}$ 或偏置情况亦可判断三极管的状态。若 $u_{CE} > U_{BE}$（集电结反偏），则三极管处于放大状态，若 $u_{CE} < U_{BE}$（集电结正偏），则三极管处于饱和状态。

2. 如何判断 NMOS 管工作在截止区、饱和区还是可变电阻区？

**答**：以增强型 NMOS 管为例，其构成的开关电路及输出特性曲线如图 3.3.2 所示，$U_T$ 为开启电压。作为开关使用，希望输出高电平尽可能接近 $V_{DD}$，低电平尽可能接近零，以满足开关状态"闭合"和"断开"的要求。

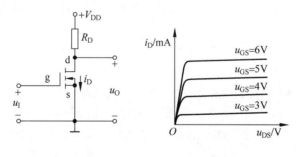

(a) NMOS管开关电路　　　　(b) NMOS管输出特性曲线

图 3.3.2　MOS 管开关电路

表 3.3.2 为增强型 NMOS 管开关电路的工作特点，由表可知，判断 NMOS 管处于哪个工作区域，可以通过判断和计算 $u_{GS}$、$u_{GD}$ 或 $u_{DS}$ 大小去实现。

(1) 若 $u_{GS} < U_T$，NMOS 管工作在截止区，d、s 之间相当于一个断开的开关，此时器件无功率损耗，$u_O = V_{DD}$，即输出为高电平。

(2) 若 $u_{GS} \geq U_T$，且 $u_{GD} \leq U_T$，即 $u_{DS} \geq u_{GS} - U_T$，NMOS 管工作在饱和区。由输出特性曲线可知，$i_D$ 不随 $u_{DS}$ 变化，随着 $u_{GS}$ 的增大，$u_O$ 随之下降，并取值在 $0 \sim V_{DD}$。

**表 3.3.2 增强型 NMOS 管开关电路工作特点**

| 工作状态(工作区) | 截止区 | 饱和区(恒流区) | 可变电阻区 |
|---|---|---|---|
| 电压 $u_{GS}$、$u_{GD}$ 或 $u_{DS}$ | $u_{GS} < U_T$ | $u_{GS} \geqslant U_T$，$u_{GD} \leqslant U_T$ 或 $u_{DS} \geqslant u_{GS} - U_T$ | $u_{GS} \geqslant U_T$，$u_{GD} > U_T$ 或 $u_{DS} < u_{GS} - U_T$ |
| 电流 $i_G$、$i_D$ | $i_G = 0$，$i_D \approx 0$ | $i_G = 0$，$i_D = f(u_{GS})$ | $i_G = 0$，$i_D > 0$ |
| 开关 | 开关断开 | | 开关闭合 |

（3）若 $u_{GS} \geqslant U_T$，且 $u_{GD} > U_T$，即 $u_{DS} < u_{GS} - U_T$，NMOS 管工作在可变电阻区。由输出特性曲线可知，$u_{GS}$ 越大，输出特性曲线越倾斜，即 NMOS 的等效电阻越小，此时 MOS 管的 d、s 之间相当于一个闭合的开关，当 $u_{GS}$ 足够大时，使得 $R_D$ 远大于 d、s 之间的等效电阻时，$u_O \approx 0$，即输出为低电平。

**3. OC 门驱动 TTL 门时，如何选择 $R_P$？若负载门分别为与非门和或非门时，如何计算 TTL 门的总输入电流？**

**答：**

**1）$R_P$ 的选择**

OC 门驱动 TTL 门电路如图 3.3.3 所示，需要确定上拉电阻 $R_P$ 的大小。$R_P$ 的值选择在最小值 $R_{P(min)}$ 和最大值 $R_{P(max)}$ 之间。若要求电路速度快，选择 $R_P$ 的值接近 $R_{P(min)}$；若要求电路功耗小，选择 $R_P$ 的值接近 $R_{P(max)}$。

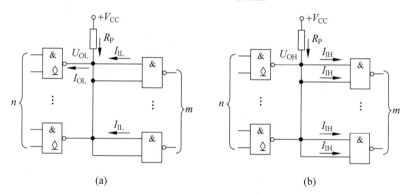

图 3.3.3 外接上拉电阻 $R_P$ 的选择

$R_{P(min)}$ 的计算为

$$R_{P(min)} = \frac{V_{CC} - U_{OL(max)}}{I_{OL} - m I_{IL}}$$

式中，$U_{OL(max)}$ 是 OC 门输出低电平的上限值，$I_{OL}$ 是 OC 门输出低电平电流，$I_{IL}$ 是负载门的输入低电平电流，$m$ 是负载门的个数。

$R_{P(max)}$ 的计算为

$$R_{P(max)} = \frac{V_{CC} - U_{OH(min)}}{m' I_{IH}}$$

式中，$U_{OH(min)}$ 是 OC 门输出高电平的下限值，$I_{IH}$ 是负载门的输入高电平电流，$m'$ 是负载门输入端的个数。

2）TTL 门的总输入电流计算

计算负载门的总输入电流时，负载门为与非门和或非门的总输入电流是不一样的，要弄清楚这个问题，就需对与非门和或非门的输入级电路结构有所了解。以两输入端为例，如图 3.3.4 和图 3.3.5 所示，与非门的输入级由一个多发射极三极管构成，每个发射极为一个输入端，而或非门的输入级由两个独立的三极管构成。

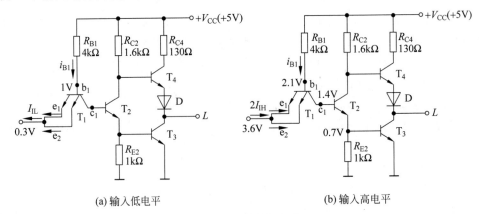

(a) 输入低电平　　　　　　　　　　(b) 输入高电平

图 3.3.4　与非门电路

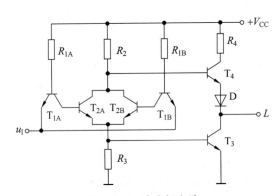

图 3.3.5　或非门电路

（1）负载门为与非门。

由图 3.3.4(a)可见，当输入 $u_I$ 接低电平 0.3V 时，$T_1$ 的发射结导通，其基极电压为 $U_{B1}=0.3+0.7=1V$，该电压作用于 $T_1$ 的集电结和 $T_2$、$T_3$ 的发射结上，$T_2$、$T_3$ 不可能导通，所以 $T_1$ 的集电极电流为零，由此可得 $I_{IL}=1\text{mA}$。

观察可知，无论一个与非门有几个输入端并联在一起，总的低电平输入电流都等于一个输入端接低电平的电流 $I_{IL}$。因此，对于图 3.3.3 所示的电路，负载门均为与非门且总数为 $m$，总的低电平输入电流等于 $mI_{IL}$。

当输入 $u_I$ 接高电平 3.6V 时，如图 3.3.4(b)所示，此时 $U_{B1}=3\times0.7=2.1V$，$T_2$、$T_3$ 饱和导通，$T_1$ 的发射结反向偏置，而集电结正向偏置，$e_1$、$b_1$、$c_1$ 和 $e_2$、$b_1$、$c_1$ 分别构成了两个倒置状态的三极管，所以总输入电流等于各个输入端电流之和。因此，对于图 3.3.3

所示的电路,负载门均为与非门,输入端总数为 $m'$,总的高电平输入电流等于 $m'I_{IH}$。

(2) 负载门为或非门。

由图 3.3.5 可知,因或非门输入级由独立的三极管构成,所以无论输入端接高电平还是低电平,总输入电流等于各个输入端电流之和。

综上可知,计算负载门输入端的总输入电流时,低电平的总输入电流与高电平的总输入电流是不一样的,不仅取决于负载门的个数及其输入端的个数,还与负载门的类型相关,原因在于与非门和或非门的输入级电路结构是不同的。

4. 如何判断 TTL 门和 CMOS 门的输入端通过电阻接地时的逻辑电平?

**答**:以二输入端的与非门电路为例,如图 3.3.6 所示。

(1) 若图 3.3.6(a)、(b) 两个电路均为 74LS 系列 TTL 门,$U_{IL(max)}=0.8V$,$U_{IH(min)}=2V$,根据 TTL 门电路的输入端负载特性,分别计算出其关门电阻 $R_{off}\approx0.91k\Omega$ 和开门电阻 $R_{on}\approx1.93k\Omega$,在图 3.3.6(a) 中,$R<R_{off}$,该输入端相当于接低电平,输出 $L$ 为高电平。在图 3.3.6(b) 中,$R>R_{on}$,该输入端相当于接高电平,输出 $L=\overline{A}$。

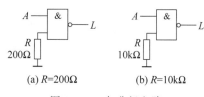

(a) $R=200\Omega$     (b) $R=10k\Omega$

图 3.3.6　与非门电路

(2) 若图 3.3.6(a)、(b) 两个电路均为 CMOS 门时,由于 CMOS 门中 MOS 管的栅极是绝缘的,栅极电路为 0,所以输入端通过电阻接地,无论电阻取何值,只要不是无穷大,输入端电位为地电位,因此图 3.3.6(a)、(b) 中与非门的输出均为高电平。

## 3.4　重点剖析

**【例 3.1】**　在例图 3.1(a) 所示的开关电路中,已知 $V_{CC}=5V$,$V_{EE}=-5V$,$R_C=1k\Omega$,$R_1=2.5k\Omega$,$R_2=10k\Omega$,三极管的电流放大系数 $\beta=30$,试判断在输入为高电平 3.6V 和低电平 0.3V 时三极管的工作状态。

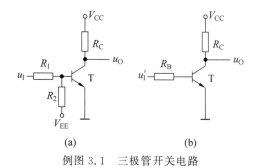

(a)　　　　　(b)

例图 3.1　三极管开关电路

**解**:对于三极管组成的电路,读者已经熟练掌握例图 3.1(b) 所示电路的参数计算方法和三极管工作状态的判断。对于更复杂的电路,可以首先利用戴维南定理将输入端电路进行等效简化,从而转换成例图 3.1(b) 所示电路的形式。根据戴维南定理,等效输入电压 $u_I'$ 为三极管 b、e 两端开路时的电压,等效电阻 $R_B$ 等于将电压源短路后从 b 端断开

后看进去的电阻,于是可得

$$u'_I = \frac{R_2}{R_1 + R_2} u_I + \frac{R_1}{R_1 + R_2} V_{EE} = 0.8u_I - 1\text{V}$$

$$R_B = R_1 \,/\!/\, R_2 = 2\text{k}\Omega$$

当 $u_1 = 3.6\text{V}$ 时,$u'_I = 1.88\text{V}$,基极电流为

$$i_B = \frac{u'_I - U_{BE}}{R_B} = \frac{1.88 - 0.7}{2} = 0.59\text{mA}$$

临界饱和基极电流为

$$I_{BS} = \frac{V_{CC} - U_{CES}}{\beta R_C} = \frac{5 - 0.3}{30 \times 1} \approx 0.16\text{mA}$$

可见,$i_B > I_{BS}$,因此三极管处于饱和状态。

当 $u_1 = 0.3\text{V}$ 时,$u'_I = -0.76\text{V}$,三极管处于截止状态。

**注**:该题主要考查三极管工作状态的判断方法,同时需要注意分析复杂电路时常使用戴维南定理、叠加原理等经典电路分析方法。

**【例 3.2】** 要实现例图 3.2-1 中 TTL 电路所要求的逻辑关系,请问各电路的接法是否正确?若不正确,请予改正。

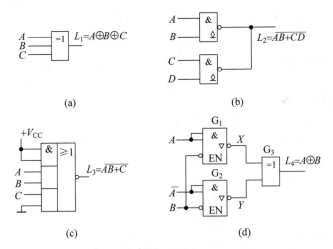

例图 3.2-1

**解**:例图 3.2-1(a)错误,异或关系只限于两个变量。正确的电路见例图 3.2-2(a)。

例图 3.2-1(b)错误。正确的电路应在输出端与电源电压 $V_{CC}$ 之间接上拉电阻(图略)。此时电路实现线与的逻辑关系:$L_2 = \overline{AB} \cdot \overline{CD} = \overline{AB + CD}$。

例图 3.2-1(c)错误,图中电路的实际逻辑关系为 $L_3 = \overline{\overline{1 \cdot 1 + AB + C \cdot 0}} = 0$。要实现 $L_3 = \overline{AB + C}$,对应正确的电路见例图 3.2-2(b),图中 $L_3 = \overline{\overline{0 \cdot 0 + AB + C \cdot 1}} = \overline{AB + C}$。

例图 3.2-1(d)正确。当 $B = 0$ 时,$G_2$ 输出高阻态,对于 $G_3$ 来说,相当于输入高电平。同时 $G_1$ 处于正常工作状态,$X = \overline{A}$,异或门输出 $L_4 = \overline{X} = A$。当 $B = 1$ 时,$G_1$ 输出高阻

态,相当于给 $G_3$ 输入高电平。同时 $G_2$ 处于正常工作状态,$Y=\overline{\overline{A}}=A$,异或门输出 $L_4=\overline{Y}=\overline{A}$。综合两种情况,得 $L_4=A\overline{B}+\overline{A}B=A\oplus B$。

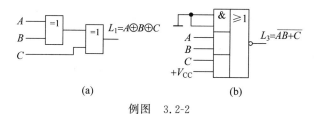

例图 3.2-2

\* **特别提示**:异或和同或是数字电路中常见的逻辑关系。其逻辑表达式如下:

异或  $L=A\cdot\overline{B}+\overline{A}\cdot B=A\oplus B$

当 $A=0$ 时,$L=B$。当 $A=1$ 时,$L=\overline{B}$。

同或  $L=\overline{A}\cdot\overline{B}+A\cdot B=\overline{A\oplus B}$

当 $A=0$ 时,$L=\overline{B}$。当 $A=1$ 时,$L=B$。

【**例 3.3**】 逻辑电路及输入波形如例图 3.3-1 所示,试对应输入信号画出输出 $L_1$、$L_2$ 的波形。

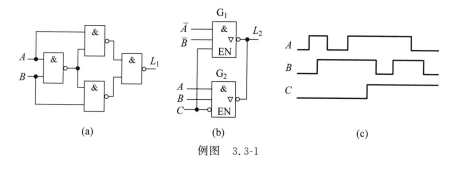

例图 3.3-1

**解**:例图 3.3-1(a)中:$L_1=\overline{\overline{A\cdot\overline{AB}}\cdot\overline{B\cdot\overline{AB}}}=A\oplus B$。

例图 3.3-1(b)中:当 $C=0$ 时,$G_1$ 输出高阻态,相当于输出开路,不会影响 $L_2$。同时 $G_2$ 处于正常工作状态,输出 $L_2$ 由它来决定:$L_2=\overline{AB}$;当 $C=1$ 时,$G_2$ 输出高阻态,同时 $G_1$ 处于正常工作状态,输出 $L_2$ 由 $G_1$ 决定:$L_2=\overline{\overline{A}\cdot\overline{B}}=A+B$。

根据以上分析,对应输入信号画出输出 $L_1$、$L_2$ 的波形如例图 3.3-2 所示。

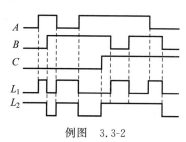

例图 3.3-2

\* **特别提示**:画组合逻辑电路的工作波形时要注意:

首先分析电路的逻辑关系,写出表达式。然后依据表达式体现的逻辑关系分段(根据输入信号的变化来分段)画出波形。

【**例 3.4**】 MOS 逻辑门如例图 3.4 所示,试分别写出输出 $L_1$、$L_2$ 的逻辑表达式。

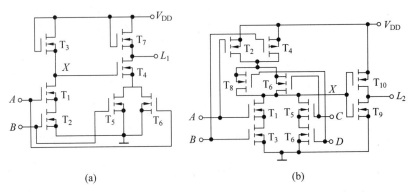

例图 3.4

**解**：例图 3.4(a)：NMOS 逻辑门，由两级电路构成。$T_1 \sim T_3$ 构成第一级，输出 $X = \overline{AB}$；$T_4 \sim T_7$ 构成第二级，其输出 $L_1 = \overline{(A+B)X} = \overline{(A+B)\overline{AB}} = \overline{AB} + AB = A \odot B$。

例图 3.4(b)：CMOS 逻辑门，由两级电路组成。$T_1 \sim T_8$ 构成第一级，其输出 $X = \overline{AB + CD}$；$T_9$、$T_{10}$ 构成第二级，其输出 $L_2 = \overline{X} = AB + CD$。

**＊特别提示**：（1）注意 MOS 逻辑门的结构特点，见表 3.2.5 和表 3.2.6。

（2）根据 MOS 逻辑门电路的组成规律可以直接写出相应的逻辑表达式，要点如下：

① 工作管相串，则输入变量相与；工作管相并，则输入变量相或。

② 串、并（与、或）之后转换为输出，要在原逻辑关系的基础上取非。

③ 以上运作仅限于单级电路。对于多级逻辑门，要先划分各级电路，再按照上述方法由前至后逐级分析。

（3）若由逻辑图比较复杂，不易直接写出逻辑表达式，也可以先由逻辑图写出真值表，然后由真值表求得逻辑表达式。

【**例 3.5**】 MOS 逻辑门电路如例图 3.5 所示，试分别列出体现两电路输出与输入逻辑关系的真值表。

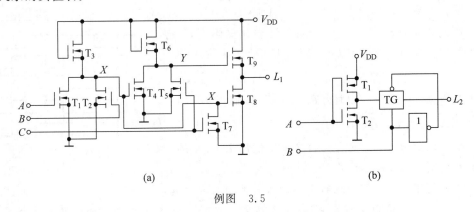

例图 3.5

**解**：例图 3.5(a)：NMOS 三态逻辑门，其中 $C$ 为控制端，$A$、$B$ 为数据输入端。当 $C = 0$ 时，$T_5$、$T_7$ 截止，可视为开路，此时的电路由三级组成，第一级：$T_1 \sim T_3$ 构成或非门,输出 $X=\overline{A+B}$;第二级:$T_4$、$T_6$ 构成非门,输出 $Y=\overline{X}$;第三级由 $T_8$、$T_9$ 构成,当 $X=0$ 时,$Y=1$,$T_8$ 截止、$T_9$ 导通,$L_1$ 输出高电平。当 $X=1$ 时,$Y=0$,$T_8$ 导通、$T_9$ 截止,$L_1$ 输出低电平,可见 $L_1=\overline{X}=A+B$。当 $C=1$ 时,$T_5$、$T_7$ 都导通,$X$、$Y$ 均为低电平,$T_8$、$T_9$ 都截止,输出 $L_1$ 呈高阻态。可见电路为低电平有效的三态或门,其真值表见例表 3.5(a)。

例图 3.5(b):CMOS 三态逻辑门,电路由非门及传输门组成。其中 $B$ 为控制端,$A$ 为数据输入端。当 $B=0$ 时,传输门内部的管子截止,相当于开关断开,输出 $L_2$ 端呈高阻态。当 $B=1$ 时,传输门内部的管子导通,相当于开关闭合,$L_2=\overline{A}$,可见电路为高电平有效的三态非门,其真值表见例表 3.5(b)。

例表 3.5(a)

| $C$ | $A$ | $B$ | $L_1$ |
|-----|-----|-----|-------|
| 0 | 0 | 0 | 0 |
|   | 0 | 1 | 1 |
|   | 1 | 0 | 1 |
|   | 1 | 1 | 1 |
| 1 | × | | 高阻 |

例表 3.5(b)

| $B$ | $A$ | $L_2$ |
|-----|-----|-------|
| 1 | 0 | 1 |
|   | 1 | 0 |
| 0 | × | 高阻 |

**【例 3.6】** 试判断能否使用 74HC04 中的一个非门驱动 8 个 74LS 系列非门?已知 HC 系列门电路的参数:$I_{OL}=4mA$,$I_{OH}=4mA$,$U_{OL(max)}=0.33V$,$U_{OH(min)}=3.84V$;74LS 系列门电路的参数:$I_{IL}=0.4mA$,$I_{IH}=0.02mA$,$U_{IL(max)}=0.8V$,$U_{IH(min)}=2V$。

(1)根据已知条件可以判断,HC 系列门与 74LS 系列门电路的逻辑电平是匹配的,即驱动门与负载门满足下列关系式:

$$U_{OH(min)} \geqslant U_{IH(min)}$$
$$U_{OL(max)} \leqslant U_{IL(max)}$$

(2)驱动门输出低电平时,根据已知条件可以判断:$I_{OL}=4mA$,负载门的总输入电流为 $8\times I_{IL}=3.2mA < I_{OL}$;$I_{OH}=4mA$,负载门的总输入电流为 $8\times I_{IH}=0.16mA < I_{OH}$。由此可见,驱动门与负载门满足电流匹配关系。

因此,可以使用 74HC04 中的一个非门驱动 8 个 74LS 系列非门。

# 3.5 同步自测

## 3.5.1 同步自测题

一、填空题

1. 数字电路中,晶体管一般工作在_____状态。

2. 数字电路中,三极管的开关状态是指三极管分别工作在_____和_____状态。

3. 若三极管工作在饱和区,则发射结_____,集电结_____。

4. TTL 逻辑门电路中,输入级采用多发射极三极管可以实现_____逻辑功能。

5. TTL 与非门的两个状态通常称为关门状态和开门状态,当输入有低电平时,对应的是_____状态;当输入全为高电平时,对应的是_____状态。

6. 电路的噪声容限_____,其抗干扰能力越强。

7. 三态门能够输出的三种工作状态是_____、_____和_____。

8. 在 TTL 类电路中,输入端悬空相当于接_____;在 MOS 门电路中,输入端是否可以悬空?_____。

9. 与门的多余输入端可_____;或门的多余输入端可_____。

10. CMOS 门电路中,若电源电压 $V_{DD}=10V$,则输出低电平电压值近似为_____,输出高电平电压值近似为_____。

二、选择题

1. TTL 门电路中,可以实现线与功能的门是( )。

    A. 与非门        B. OC 门        C. 三态门        D. 异或门

2. 不属于 CMOS 逻辑电路优点的说法是( )。

    A. 输出高低电平理想        B. 电源适用范围宽

    C. 抗干扰能力强        D. 电流驱动能力强

3. 当( )时,增强型 NMOS 管相当于开关闭合。

    A. $u_{GS} \geqslant U_T, u_{GD} > U_T$        B. $u_{GS} \geqslant U_T, u_{GD} \leqslant U_T$

    C. $u_{GS} < U_T, u_{GD} > U_T$        D. $u_{GS} < U_T, u_{GD} \leqslant U_T$

4. 已知 A、B、C、D 图中的门均为 TTL 门电路,则能实现 $Y=\overline{A}$ 逻辑功能的是( )。

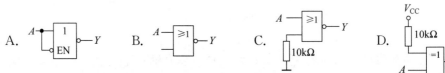

5. 已知某门电路的输入 $A$、$B$ 和输出 $L$ 的波形图如图 3.5.1 所示,由此可判断该门的类型为( )。

    A. 与非门        B. 或非门        C. 异或门        D. 同或门

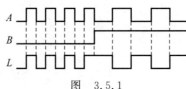

图 3.5.1

三、分析计算题

1. 已知某逻辑门的参数为 $I_{OH}=1mA, I_{OL}=20mA, I_{IH}=20\mu A, I_{IL}=1.5mA$,试求

该种逻辑门的扇出系数。

2. 已知 TTL 门电路(输出低电平为 0.3V,高电平为 3.6V)如图 3.5.2 所示,若输入 $A$ 分别接 0.3V 和 3.6V 电压,分别用电压表测试门电路中的电压值,则电压表 $V_1$ 和 $V_2$ 的指示数分别是多少?

3. 由 TTL 与非门、发光二极管 LED 和电阻 $R$ 构成的逻辑测试笔电路如图 3.5.3 所示,该逻辑测试笔可用于检查 TTL 逻辑电路的逻辑值。已知 LED 正向导通时的电流是 10mA,导通压降为 1.7V。

(1) 计算电阻 $R$ 的阻值;

(2) 说明电阻 $R$ 和与非门的作用。

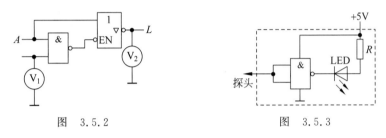

图 3.5.2　　　　　　图 3.5.3

4. 电路如图 3.5.4(a)所示,$G_1$、$G_2$ 均为 TTL 门电路,加在输入端的波形如图 3.5.4(b)所示,画出输出 $L$ 的波形。

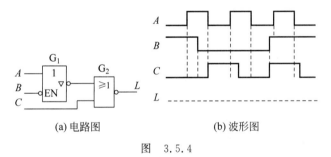

(a) 电路图　　　　　　(b) 波形图

图 3.5.4

5. 由传输门和非门构成的电路及输入波形如图 3.5.5(a)、(b)所示,试画出输出 $L$ 的波形并说明该电路实现的逻辑功能。

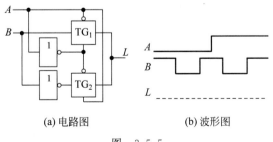

(a) 电路图　　　　　　(b) 波形图

图 3.5.5

### 3.5.2　同步自测题参考答案

**一、填空题**

1. 开关　　2. 饱和,截止　　3. 正偏,正偏　　4. 与　　5. 关门,开门

6. 越大　　7. 高电平,低电平,高阻态　　8. 高电平,不可以

9. 接高电平或与使用的输入端并联,接低电平或与使用的输入端并联

10. 0V,10V

**二、选择题**

1~5　B、D、A、D、C

**三、分析计算题**

1. **解**:由给定参数可求得 $N_{OH}=50$,$N_{OL}=13$,取两者最小者,即 $N_O=13$。

2. **解**:$A$ 接 $0.3V$ 时,$V_1$:$0.3V$,$V_2$:$0V$;$A$ 接 $3.6V$ 时,$V_1$:$1.4V$,$V_2$:$0.3V$。

3. **解**:(1)$R=0.3k\Omega$;(2)电阻 $R$ 的作用是限流。与非门的作用:一是隔离,使测试电路(虚框内)向被测试电路灌入电流小于 $1.6mA$;二是逻辑指示,当探头接高电平时,与非门输出为低电平,LED 导通,发光,表明探测到高电平,反之,与非门输出高电平,LED 截止,不发光,表明探测到低电平。

4. **解**:当输入控制端 $B=1$ 时,$G_1$ 输出为高阻态,对 $G_2$ 来说相当于输入高电平,因此 $G_2$ 的输出 $L=0$;当 $B=0$ 时,$G_1$ 输出为 $\overline{A}$,因此 $L=\overline{\overline{A}+C}=A\overline{C}$。根据上述分析,画出电路输出 $L$ 的波形图,如图 3.5.6 所示。

5. **解**:输入 $A$ 作为传输门的控制信号,当 $A=0$ 时,传输门 $TG_1$ 导通,$TG_2$ 断开,$L=B$;当 $A=1$ 时,传输门 $TG_1$ 断开,$TG_2$ 导通,$L=\overline{B}$。因此可知,$L=\overline{A}B+A\overline{B}=A\oplus B$,该电路实现异或功能,其波形图如图 3.5.7 所示。

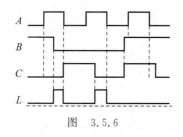

图 3.5.6

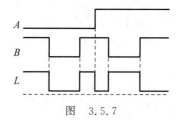

图 3.5.7

## 3.6　习题解答

3.1　在数字电路中,三极管工作在截止和饱和状态,工作在截止状态时相当于开关的断开,工作在饱和状态时相当于开关的闭合,这是三极管的静态开关特性。在数字信

号的作用下,三极管要在截止和饱和状态之间转换。而在状态转换时,其内部电荷有一个"消散"和"建立"的过程,需要一定的转换时间,由此体现的特性即为三极管的动态开关特性。

三极管的开通时间取决于管子的发射结反偏电压(截止状态)和正向基极驱动电流。发射结反偏电压越小,正向基极驱动电流越大,开通时间越短。三极管的关断时间取决于管子基区中的超量存储电荷和反向基极电流。超量存储电荷越少,反向基极电流越大,关断时间越短。

要提高三极管的开关速度,可采用特殊材料及工艺减小三极管的开关时间;可采取措施限制三极管的饱和深度、增大基极的瞬间电流。

3.2　(a)放大状态,$u_O=7V$;(b)饱和状态,$u_O=U_{CES}\approx0.3V$;(c)截止状态,$U_{CE}\approx V_{CC}=12V$;(d)截止状态,$U_{CE}\approx V_{CC}=12V$;(e)饱和状态,$u_O=U_{CES}\approx0.3V$。

3.3　三极管饱和的电流条件:$I_B>I_{BS}$;电压条件:发射结正偏且正偏电压大于死区电压,集电结正偏。$R_B\downarrow$,$\beta\uparrow$ 能使未达到饱和的三极管饱和。

3.4　(a) $L_1=AB+C$;(b) $L_2=\overline{A}$;(c) $L_3=\overline{AB}$;(d) $L_4=\overline{A+B}$

3.5　TTL与非门的输入端接地、接低于 0.8V 的电源、接同类与非门的输出低电压 0.3V 时,输入电压均低于其关门电平 $U_{OFF}$($U_{OFF}=0.8V$),因此门的输出电压均高于其输出高电平的最小值 $U_{OH(min)}$($U_{OH(min)}=2.4V$),属于高电平,所以以上三种输入的接法都属于逻辑 0。当输入端通过 $200\Omega$ 的电阻接地时,见解图 3.5。由电路分析得

$$U_I=\frac{R}{R+R_{b1}}(V_{CC}-0.7)=\frac{0.2}{0.2+4}(5-0.7)\approx0.2V$$

可见,输入电压小于关门电平,所以此种输入的接法也属于逻辑 0。

3.6　TTL与非门的输入端悬空时,对应 $T_1$ 管的发射结不通,$V_{CC}$ 使 $T_2$、$T_3$ 管饱和导通,输出低电平,所以此时相当于输入逻辑 1。TTL与非门的输入端接高于 2V 的电源、接同类与非门的输出高电压 3.6V 时,输入电压均高于其开门电平 $U_{ON}$($U_{ON}=2V$),因此门的输出电压均低于其输出低电平的最大值 $U_{OL(max)}$($U_{OL(max)}=0.4V$),输出为低电平。所以以上两种输入的接法都属于逻辑 1。输入端接 $10k\Omega$ 的电阻到地时,见解图 3.5。

$$U_I=\frac{R}{R+R_{b1}}(V_{CC}-0.7)=\frac{10}{10+4}(5-0.7)\approx3.1V$$

可见,输入电压高于开门电平,所以此种输入的接法也属于逻辑 1。但要注意的是,在这种输入的作用下,会使 $U_{B1}=2.1V$,而 $R$ 的存在致使 $T_1$ 的发射结也是导通的,所以输入电压 $U_I$ 最终被钳位在 1.4V 上。

3.7　输出低电平时的扇出系数:$N_{OL}=10$。输出高电平时的扇出系数:$N_{OH}=20$。取两者中的较小值作为门电路的扇出系数,用 $N_O$ 表示:$N_O=10$。

3.8　$L=\overline{\overline{AB}+\overline{A+B}}=A\oplus B$。

3.9　(a)有错误,应将图中的逻辑门改为 OC 门。(b)正确。(c)有错误,正确的连接请见解图 3.9。

3.10　(1)$B=0.3V$,$G_1$ 处于工作状态,电压表读数:3.6V;K 打开,$G_2$ 输入端悬空相当于高电平,输出电压:$u_O=0.3V$。(2)$B=0.3V$,$G_1$ 处于工作状态,电压表读数:3.6V;

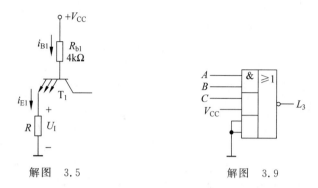

解图 3.5　　　　　　　　　解图 3.9

K 闭合,$G_2$ 输入高电平,输出电压:$u_O=0.3V$。(3)$B=3.6V$,$G_1$ 处于高阻态,又知 K 打开,则电压表读数:0V;$G_2$ 输入端悬空相当于高电平,输出电压:$u_O=0.3V$。(4)$B=3.6V$,$G_1$ 处于高阻态,又知 K 闭合,此时 $G_2$ 输入端的情况如解图 3.5 所示,其输入电压:$U_I=\dfrac{100}{4+100}(5-0.7)\approx4.1V$,输出电压:$u_O=0.3V$;而由于 $G_2$ 门中的 $U_{B1}=2.1V$,$U_I$ 被钳位在 1.4V,所以电压表读数为 1.4V。

3.11　题图 3.11(a):$L_1=A+B$。题图 3.11(b):$L_2=\overline{AB}+C$。题图 3.11(c):当 $C=0$ 时,$L_3=A\overline{B}$;当 $C=1$ 时,$L_3=A$。各电路的输出波形如解图 3.11 所示。

3.12　用 OC 门实现逻辑函数 $F=\overline{AB}\cdot\overline{BC}\cdot\overline{D}$ 的逻辑电路如解图 3.12 所示。

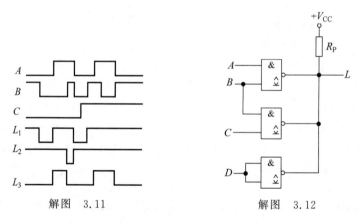

解图 3.11　　　　　　　　　解图 3.12

3.13　解答见解表 3.13。

**解表　3.13**

| 门电路的名称 | 输出逻辑表达式 | $ABCD=1001$ 时,各输出函数值 |
|---|---|---|
| 同或门 | $L_1=\overline{A\oplus C}=AC+\overline{A}\,\overline{C}$ | $L_1=0$ |
| 与或非门 | $L_2=\overline{AD+BC}$ | $L_2=0$ |
| OC 门 | $L_3=\overline{AD}\cdot\overline{AC}$ | $L_3=0$ |
| 三态与非门 | $L_4=\overline{AB\overline{B}}+\overline{ADB}$ | $L_4=1$ |

3.14　$L_1=\overline{\overline{A(B+C)+AC}+D}$，$L_2=\overline{\overline{\overline{A(B+C)}+D}}$

3.15　$L_1=\overline{\overline{\overline{A+B}}}$，$L_2=\overline{\overline{A}+BC}$

3.16　题图 3.16(a)的真值表如解表 3.16(a)所示；题图 3.16(b)的真值表如解表 3.16(b)所示。

解表　**3.16(a)**

| $C$ | $A$ | $B$ | $L_1$ |
|---|---|---|---|
| | 0 | 0 | 1 |
| 1 | 0 | 1 | 0 |
| | 1 | 0 | 0 |
| | 1 | 1 | 0 |
| 0 | × | | 高阻 |

解表　**3.16(b)**

| $B$ | $A$ | $L_2$ |
|---|---|---|
| 0 | 0 | 0 |
| | 1 | 1 |
| 1 | × | 高阻 |

3.17　NMOS 异或门电路的逻辑电路如解图 3.17 所示。

3.18　实现逻辑关系 $L=AB+C$ 的 CMOS 逻辑电路如解图 3.18 所示。

3.19　CMOS 三态输出的两输入端与非门电路见解图 3.19，真值表见解表 3.19。

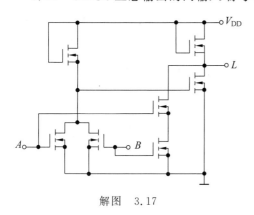

解图　3.17

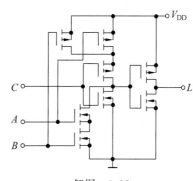

解图　3.18

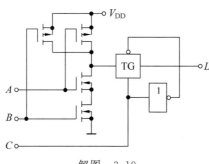

解图　3.19

**解表 3.19**

| C | A | B | L |
|---|---|---|---|
| 1 | 0 | 0 | 1 |
|   | 0 | 1 | 1 |
|   | 1 | 0 | 1 |
|   | 1 | 1 | 0 |
| 0 | × | | 高阻 |

3.20 在输入 $S_1$、$S_0$ 各种取值下的输出 $Y$ 见解表 3.20。

**解表 3.20**

| 输 入 | | 输 出 |
|---|---|---|
| $S_1$ | $S_0$ | $Y$ |
| 0 | 0 | $Y=\bar{D}_N$ |
| 0 | 1 | $Y=\bar{D}_P$ |
| 1 | 0 | $Y=\bar{D}_M$ |
| 1 | 1 | $Y=\bar{D}_M$ |

3.21 电路如解图 3.21 所示。发光二极管支路中的限流电阻阻值：$R=\dfrac{(5-2-0.3)\text{V}}{10\text{mA}}=270\Omega$。

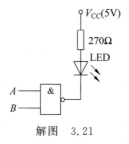

解图 3.21

3.22 当 $U_{\text{OH}}=4.7\text{V}$ 时，$I_\text{B}=\dfrac{4.7-0.7}{20}=0.2\text{mA}$

$$I_{\text{BS}}=\frac{V_{\text{CC}}}{R_\text{C}\beta}=\frac{5}{2\times30}\approx0.08\text{mA}$$

因为 $I_\text{B}>I_{\text{BS}}$，所以三极管饱和，$u_\text{O}\approx0.3\text{V}$，能够为 TTL 门提供合适的输入低电平。

当 $U_{\text{OL}}=0.1\text{V}$ 时，因电压小于发射结的死区电压，所以三极管截止，$u_\text{O}=V_{\text{CC}}-R_\text{C}\times4I_{\text{IH}}=4.68\text{V}(I_{\text{IH}}=40\mu\text{A})$。

可见，能够为 TTL 门提供合适的输入高电平。由以上分析知，接口参数选择合理。

## 3.7 自评与反思

# 第

## 4

# 章

## 组合逻辑电路

本章主要学习组合逻辑电路的分析与设计方法、常用中规模集成电路的原理与应用方法。读者在理解一些常用组合逻辑电路的结构与原理后,能够使用中规模集成芯片设计组合逻辑电路解决实际问题。

## 4.1 学习要求

本章各知识点的学习要求如表 4.1.1 所示。

表 4.1.1 第 4 章学习要求

| 知　识　点 | | 学 习 要 求 | | |
| --- | --- | --- | --- | --- |
| | | 熟练掌握 | 正确理解 | 一般了解 |
| 组合逻辑电路 | 分析 | √ | | |
| | 设计 | √ | | |
| 常用的组合逻辑电路 | 编码器 | | √ | |
| | 译码器 | √ | | |
| | 数据分配器 | √ | | |
| | 数据选择器 | √ | | |
| | 数值比较器 | | √ | |
| | 加法器 | | √ | |
| 使用中规模集成器件设计组合逻辑电路 | 分析 | √ | | |
| | 设计 | √ | | |
| 组合逻辑电路中的竞争冒险 | 竞争冒险产生的原因 | | | √ |
| | 冒险现象的识别与消除方法 | | | √ |

## 4.2 要点归纳

### 4.2.1 组合逻辑电路的特点

1. 组合逻辑电路的工作特点

组合逻辑电路的工作特点是:电路任意时刻的输出状态只取决于该时刻各输入状态的组合,而与电路的原状态无关。

2. 组合逻辑电路的结构特点

组合逻辑电路就是由门电路组合而成,电路中没有记忆单元,没有反馈通路。组合电路可以有若干输入量:$A_1, A_2, \cdots, A_i$;可以有若干输出量:$L_1, L_2, \cdots, L_j$。每个输出变量是全部或部分输入变量的函数。

## 4.2.2 组合逻辑电路的分析与设计方法

### 1. 组合逻辑电路的分析方法

分析组合逻辑电路的目的是,对于一个给定的组合逻辑电路,确定其逻辑功能。组合逻辑电路的分析步骤如图4.2.1所示。

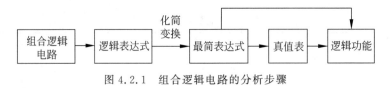

图4.2.1 组合逻辑电路的分析步骤

### 2. 组合逻辑电路的设计方法

设计组合逻辑电路的目的是,对于提出的实际逻辑问题,设计出符合要求的组合逻辑电路。组合逻辑电路的设计步骤如图4.2.2所示。

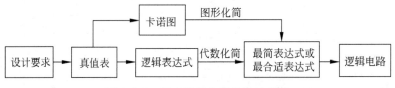

图4.2.2 组合逻辑电路的设计步骤

## 4.2.3 常用的组合逻辑电路

### 1. 编码器

将某一特定信息变换为二进制代码的过程称为编码。能够实现编码功能的逻辑部件称为编码器。编码器分为BCD码编码器、二进制编码器、优先编码器等。

BCD码编码器的功能是:以0～9十个十进制数码信号作为输入,通过编码将它们转变为对应的4位二进制代码(BCD码),由输出端送出。这种编码器不允许两个(包括两个)以上的输入端同时出现编码信号,否则将产生错误输出。

二进制编码器的功能是:输入$2^n$个信号,通过编码转变为对应的$n$位二进制代码,由输出端送出。输入端子与输出端子的数目之间一定满足$2^n$-$n$的关系。如:输入4,输出2,称为4-2线编码器;输入8,输出3,称为8-3线编码器;输入16,输出4,称为16-4线编码器。最常见的是8-3线编码器。同样,这种编码器不允许两个(包括两个)以上的输入端同时出现编码信号。

优先编码器的特点:允许同时输入两个以上的编码信号,编码器给所有的输入信号规定了优先顺序,当多个输入信号同时出现时,只对其中优先级最高的一个进行编码。

### 2. 译码器

将二进制代码转换成特定信号的过程称为译码。能够实现译码功能的逻辑部件称为译码器。译码和编码的过程是相反的。

译码器分为:BCD 码译码器、二进制译码器、数字显示译码器等。

BCD 码译码器的功能是:输入 4 位二进制代码(BCD 码),通过译码将它们转变为对应的十个特定信号,由输出端送出。

二进制译码器的功能是:输入 $n$ 位二进制代码,通过译码转变为对应的 $2^n$ 个特定信号,由输出端送出。输入端子与输出端子的数目之间一定满足 $n\text{-}2^n$ 的关系。如:输入 2,输出 4,称为 2-4 线译码器;输入 3,输出 8,称为 3-8 线译码器;输入 4,输出 16,称为 4-16 线译码器。最常见的是 3-8 线译码器。

数字显示译码器是与数字显示器配合使用的译码器。它的功能是:输入 4 位二进制代码(BCD 码),通过译码将它们转变为数个输出信号,送去控制数字显示器显示对应的 0~9 十个数码。

### 3. 数据分配器

数据分配器的功能是:将一路输入数据根据地址选择码分配给多路数据输出中的某一路输出。数据分配器有多个输出端,但只有一个输入端。地址选择信号的位数与输出端的个数之间满足 $n\text{-}2^n$ 的关系。如:3 位地址选择信号,对应 8 个输出端,称"1 线-8 线"数据分配器。译码器可以直接用作数据分配器。

### 4. 数据选择器

数据选择器的功能是:根据地址选择信号从多路输入数据中选择一路,送到输出端。数据选择器有多个输入端,但只有一个输出端。地址选择信号的位数与输入端的个数之间满足 $n\text{-}2^n$ 的关系。如:2 位地址选择信号,对应 4 个输入端,称为 4 选 1 数据选择器;3 位地址选择信号,对应 8 个输入端,称为 8 选 1 数据选择器;4 位地址选择信号,对应 16 个输入端,称为 16 选 1 数据选择器。

### 5. 数值比较器

数值比较器是对两个位数相同的二进制整数进行数值比较并判定其大小关系的算术运算电路。数值比较器的类型是根据位数划分的,最常见的是 4 位二进制数值比较器。

### 6. 加法器

加法器的功能是实现两个二进制数的加法运算的算术运算电路。它有半加器、全加器的区别。

半加器——能进行本位加数、被加数的加法运算而不考虑相邻低位进位的加法器。

全加器——能同时进行本位加数、被加数和相邻低位的进位信号的加法运算的加法器。只有全加器才可以实现位数的扩展。

## 4.2.4　使用中规模集成组合模块实现任意组合逻辑函数

中规模集成译码器和数据选择器可以方便地实现任意组合逻辑函数。

### 1. 利用译码器实现

(1) 表达式整理：将逻辑函数展开为最小项表达式，再转换成与非-与非形式。

(2) 选择模块：函数变量的个数要与所选译码器的输入端个数相同，如：三变量函数，可选用三输入端的3-8线译码器74138；四变量函数，可选用四输入端的4-16线译码器74154。

(3) 函数实现：将译码器的使能端置于允许其正常译码的位置，从译码器的输入端送入函数变量；对于输出是低电平有效的译码器，由其输出端可得所有最小项的非，即 $Y_i = \overline{m}_i (i=0,1,2,\cdots)$，将函数表达式转换为由最小项的非组成的与非形式，选择译码器对应的 $Y_i$，送入与非门，由与非门的输出端可得逻辑函数 $L$；而对于输出是高电平有效的译码器，由其输出端可得所有最小项，即 $Y_i = m_i (i=0,1,2,\cdots)$，将函数表达式转换为最小项之和的形式，选择译码器对应的 $Y_i$，送入或门，由或门的输出端可得逻辑函数 $L$。

对于具有相同输入变量的多输出逻辑函数，可在一片集成译码器的基础上，配合多个与非门实现。具体操作参见【例4.3】。

### 2. 利用数据选择器实现

(1) 当逻辑函数的变量个数和数据选择器的地址输入变量个数相同时。
① 表达式整理：将逻辑函数转换成最小项表达式。
② 选择模块：函数变量的个数要与所选数据选择器的地址输入端个数相同。如：三变量函数，可选用三个地址输入端的8选1数据选择器74151；四变量函数，可选用四个地址输入端的16选1数据选择器74150。
③ 函数实现：将数据选择器的使能端置于允许其正常工作的位置；将输入变量接至数据选择器的地址输入端；根据最小项表达式来决定选择器数据输入端的连接（表达式中出现的最小项，对应的数据输入端接1，表达式中没出现的最小项，对应的数据输入端接0）；由数据选择器的输出端 $Y$ 可得函数 $L$。具体操作参见【例4.4】。
(2) 当逻辑函数的变量个数大于数据选择器的地址输入变量个数时。
方法1：
① 列出函数对应的真值表。
② 选择模块：函数输入变量的个数要比所选数据选择器的地址输入端个数多1。如：三个变量，可选用两个地址输入端的4选1数据选择器74153；四个变量，可选用三

个地址输入端的 8 选 1 数据选择器 74151。

③ 函数实现:将数据选择器的使能端置于允许其正常工作的位置;除最低位外,将函数其他的输入变量接至数据选择器的地址输入端;再根据真值表中最低位变量与输出变量之间的关系来确定数据选择器的数据输入端的连接;由数据选择器的输出端 $Y$ 可得函数 $L$。具体操作参见【例 4.4】。

方法 2:

① 选择模块:同方法 1。

② 函数实现:令函数输入变量(除最低位外)从全 0 到全 1 依次取值,则由函数表达式可依次求出函数输出变量与最低位输入变量之间的逻辑关系,据此确定选择器数据输入端的连接。选择器其他各端的连接同方法 1,具体操作参见【例 4.4】。

## 4.3 难点释疑

1. 在中规模集成芯片中,控制端或使能端有什么作用?

**答**:控制端又称为使能端,当控制端有效时,器件处于工作状态,否则器件被禁止,即不工作。在分析具有控制输入端的电路时,要分清楚控制输入端和功能输入端。只有控制输入端处于有效使能状态时,功能输入与输出之间才有响应的逻辑关系。

2. 在集成芯片的逻辑符号中,如何理解输入端或输出端上小圆圈的含义?

**答**:集成芯片的输入、输出或控制端都有可能是高电平有效或低电平有效。由第 3 章的内容可知,所谓高电平有效,是指当信号为高电平时,电路完成规定的操作;而低电平有效,是指信号为低电平时,电路完成规定的操作。

以译码器 74138 为例,图 4.3.1 是它的逻辑符号,其控制端 $G_{2A}$、$G_{2B}$ 和输出端均为低电平有效,因此在相应的输入端和输出端加小圆圈表示。同样可以看出,控制端 $G_1$ 是高电平有效。

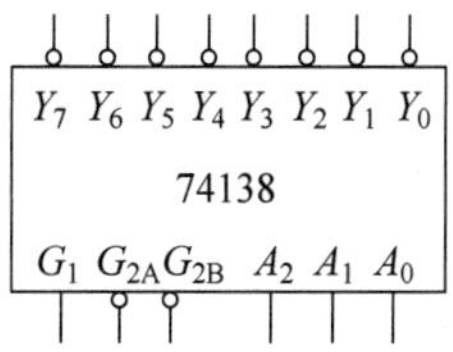

图 4.3.1 74138 的逻辑符号

3. 如何理解使用译码器或数据选择器实现组合逻辑函数?

**答**:如果是 $n$ 个输入,译码器有 $2^n$ 个输出端,其输出分别为 $n$ 个输入的最小项形式。如果数据选择器有 $n$ 个地址输入,可以选择 $2^n$ 个输入数据,其输出 $Y$ 的表达式为

$$Y = \sum_{i=0}^{2^n-1} m_i D_i$$

式中,$m_i$ 为地址输入对应的最小项,$D_i$ 表示对应的数据输入。

由于任何组合逻辑函数都可以化为最小项表达式(最小项之和),所以译码器或者数据选择器均可以实现组合逻辑函数。

用译码器实现组合逻辑函数时,由于 $n$ 位二进制译码器有 $n$ 个变量输入端,因此只能用于产生输入变量数不大于 $n$ 的组合逻辑函数。如果需要实现输入变量数大于 $n$ 的逻辑函数,需要多个芯片扩展使用。译码器实现组合逻辑函数的优点是通过增加必要的门电路,可以实现多个输出的组合逻辑电路。

用数据选择器实现组合逻辑函数时,对于 $n$ 个地址输入端的数据选择器,不仅能实现输入变量数为 $n$ 的逻辑函数,还可以实现输入变量数为 $n+1$ 的逻辑函数。由于数据选择器只有一个输出端,所以只能实现单个输出的逻辑函数。

## 4.4　重点剖析

**【例 4.1】**　组合逻辑电路如例图 4.1 所示。图中 $A$、$B$ 为输入端,$S_3 \sim S_0$ 为选择端。试分析电路的逻辑功能。

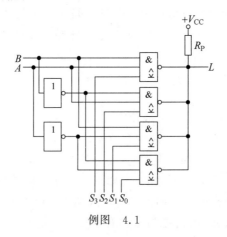

例图　4.1

**解**:(1) 根据电路写逻辑表达式:$L = \overline{S_0 \overline{A}\overline{B}} \cdot \overline{S_1 \overline{A}B} \cdot \overline{S_2 A\overline{B}} \cdot \overline{S_3 AB}$

(2) 根据表达式列出真值表如例表 4.1 所示。

例表　4.1

| $S_3$ | $S_2$ | $S_1$ | $S_0$ | $L$ | $S_3$ | $S_2$ | $S_1$ | $S_0$ | $L$ |
|---|---|---|---|---|---|---|---|---|---|
| 0 | 0 | 0 | 0 | 1 | 1 | 0 | 0 | 0 | $\overline{AB}$ |
| 0 | 0 | 0 | 1 | $A+B$ | 1 | 0 | 0 | 1 | $A\oplus B$ |
| 0 | 0 | 1 | 0 | $A+\overline{B}$ | 1 | 0 | 1 | 0 | $\overline{B}$ |
| 0 | 0 | 1 | 1 | $A$ | 1 | 0 | 1 | 1 | $A\overline{B}$ |
| 0 | 1 | 0 | 0 | $\overline{A}+B$ | 1 | 1 | 0 | 0 | $\overline{A}$ |
| 0 | 1 | 0 | 1 | $B$ | 1 | 1 | 0 | 1 | $\overline{A}B$ |
| 0 | 1 | 1 | 0 | $\overline{A\oplus B}$ | 1 | 1 | 1 | 0 | $\overline{A+B}$ |
| 0 | 1 | 1 | 1 | $AB$ | 1 | 1 | 1 | 1 | 0 |

(3) 由真值表可见,当 $S_3 \sim S_0$ 取不同值时,输出 $L$ 与输入 $A$、$B$ 之间存在不同的逻辑关系,该电路称为多功能逻辑函数产生器。

**【例 4.2】**　某雷达站有三台功率消耗相同的雷达设备,它们由两台发电机 X、Y 供电,其中 X 的最大输出功率等于一台雷达的功率消耗,Y 的最大输出功率是 X 的 2 倍。试设计一组合逻辑电路,使其可以根据三台雷达工作与否来控制发电机的启、停,从而达到节约能源的目的。

**解**：（1）确定 $A$、$B$、$C$ 为输入变量，代表三台雷达。雷达工作时为"1"，关闭时为"0"。确定 $L_1$、$L_2$ 为输出变量，其中 $L_1$ 代表发电机 X，$L_2$ 代表发电机 Y，发电机启动时为"1"，停止时为"0"。

（2）根据逻辑问题及以上设定，列出真值表如例表 4.2 所示。

**例表 4.2**

| $A$ | $B$ | $C$ | $L_1$ | $L_2$ |
|---|---|---|---|---|
| 0 | 0 | 0 | 0 | 0 |
| 0 | 0 | 1 | 1 | 0 |
| 0 | 1 | 0 | 1 | 0 |
| 0 | 1 | 1 | 0 | 1 |
| 1 | 0 | 0 | 1 | 0 |
| 1 | 0 | 1 | 0 | 1 |
| 1 | 1 | 0 | 0 | 1 |
| 1 | 1 | 1 | 1 | 1 |

（3）由真值表写出逻辑表达式，并化简。

用公式法化简 $L_1$：

$$L_1 = \overline{A}\,\overline{B}C + \overline{A}B\overline{C} + A\overline{B}\,\overline{C} + ABC = \overline{A}(\overline{B}C + B\overline{C}) + A(BC + \overline{B}\,\overline{C})$$

$$= \overline{A}(B \oplus C) + A\overline{(B \oplus C)} = A \oplus (B \oplus C)$$

用卡诺图法化简 $L_2$：将真值表中的函数值填入卡诺图，并化简（参见例图 4.2(a)）。

$$最简表达式： \quad L_2 = AB + BC + AC$$

若采用与非门实现，则将函数转换为与非-与非式：$L_2 = \overline{\overline{AB} \cdot \overline{BC} \cdot \overline{AC}}$

（4）根据表达式画出逻辑电路如例图 4.2(b)所示。可见实现该电路要用到三片集成器件：四异或门 7486、四 2 输入与非门 7400、三 3 输入与非门 7410。虽然逻辑表达式是最简的，但电路所用的集成器件的片数和种类都不是最少。

（5）若以集成器件为基本单元来考虑问题，可重新化简逻辑函数 $L_2$：

$$L_2 = \overline{A}BC + A\overline{B}C + AB\overline{C} + ABC = A(\overline{B}C + B\overline{C}) + BC$$

$$= A(B \oplus C) + BC = \overline{\overline{A(B \oplus C)} \cdot \overline{BC}}$$

对应的逻辑电路如例图 4.2(c)所示。可见此电路只需两片集成器件即可完成。

\* **特别提示**：通过【例 4.2】的分析，使我们认识到，设计逻辑电路时，不能单纯考虑逻辑表达式是否最简，所用逻辑门是否最少，而要从实际出发，以集成器件为基本单元来考虑问题，看是否所用集成器件的个数及种类最少。另外，进行多个输出端的逻辑函数的化简时，使不同的输出逻辑函数中包含相同项，可以减少门的个数，有利于整个逻辑电路的化简。

【**例 4.3**】 请用译码器 74138 和适当的门电路来实现如下多输出逻辑函数：

$$L_1 = \overline{A \oplus B \oplus C}, \quad L_2 = \overline{AC}, \quad L_3 = A(B + \overline{C})$$

**解**：整理逻辑函数：

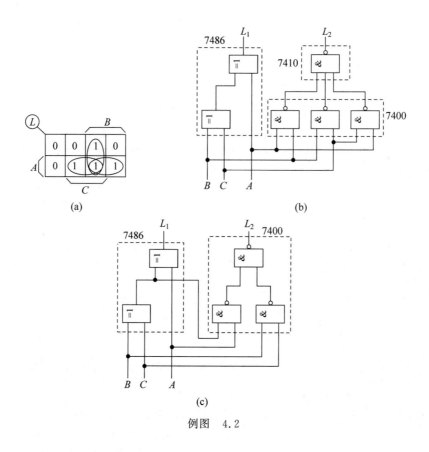

例图 4.2

$$L_1 = \overline{A \oplus B \oplus C} = \overline{A}\,\overline{B}\,\overline{C} + \overline{A}BC + A\overline{B}C + AB\overline{C} = m_0 + m_3 + m_5 + m_6 = \overline{\overline{m}_0\,\overline{m}_3\,\overline{m}_5\,\overline{m}_6}$$

$$L_2 = \overline{AC} = \overline{A}\,\overline{B}\,\overline{C} + \overline{A}\,\overline{B}C + \overline{A}B\overline{C} + \overline{A}BC + A\overline{B}\overline{C} + AB\overline{C}$$

$$= m_0 + m_1 + m_2 + m_3 + m_4 + m_6 = \overline{\overline{m}_0\,\overline{m}_1\,\overline{m}_2\,\overline{m}_3\,\overline{m}_4\,\overline{m}_6}$$

$$L_3 = A(B + \overline{C}) = A\overline{B}\,\overline{C} + AB\overline{C} + ABC = \overline{\overline{m}_4\,\overline{m}_6\,\overline{m}_7}$$

因 $L_1$、$L_2$、$L_3$ 均为三变量函数,所以可选用三输入端的 3 线-8 线译码器 74138。

当译码器 74138 的 $G_1 G_{2A} G_{2B}$ 取 100 时,各输出端:$Y_0 = \overline{\overline{A}_2\overline{A}_1\overline{A}_0} = \overline{m}_0$,$Y_1 = \overline{\overline{A}_2\overline{A}_1 A_0} = \overline{m}_1$,$Y_2 = \overline{\overline{A}_2 A_1\overline{A}_0} = \overline{m}_2$,$Y_3 = \overline{\overline{A}_2 A_1 A_0} = \overline{m}_3$,$Y_4 = \overline{A_2\overline{A}_1\overline{A}_0} = \overline{m}_4$,$Y_5 = \overline{A_2\overline{A}_1 A_0} = \overline{m}_5$,$Y_6 = \overline{A_2 A_1\overline{A}_0} = \overline{m}_6$,$Y_7 = \overline{A_2 A_1 A_0} = \overline{m}_7$,若将 $ABC$ 送入译码器的 $A_2 A_1 A_0$,则有 $L_1 = \overline{Y_0 Y_3 Y_5 Y_6}$,$L_2 = \overline{Y_0 Y_1 Y_2 Y_3 Y_4 Y_6}$,$L_3 = \overline{Y_4 Y_6 Y_7}$。

显然,以上多输出逻辑函数可由一片译码器 74138 和三个与非门来实现,画出逻辑电路如例图 4.3 所示。

**【例 4.4】** 已知逻辑函数 $L = AB + BC + \overline{A}B\overline{C}$。要求分别用 8 选 1 数据选择器 74151 和 4 选 1 数据选择器 74153 实现该函数。

**解**:(1)用 8 选 1 数据选择器 74151 实现(逻辑函数的变量个数和数据选择器的地

址输入变量个数相同)

将逻辑函数展开成最小项表达式

$$L = AB + BC + \overline{A}\,\overline{B}\,\overline{C} = \overline{A}\,\overline{B}\,\overline{C} + \overline{A}BC + AB\overline{C} + ABC$$

$$= m_0 + m_3 + m_6 + m_7$$

将使能端 $G$ 接地；输入变量接至数据选择器的地址输入端，即 $A = A_2, B = A_1, C = A_0$。$L$ 式中出现的最小项，对应的数据输入端接 1，$L$ 式中没出现的最小项，对应的数据输入端接 0，即 $D_0 = D_3 = D_6 = D_7 = 1$；$D_1 = D_2 = D_4 = D_5 = 0$；由数据选择器的输出端引出输出变量，即 $L = Y$。通过以上连接所得电路(见例图 4.4(a))即可实现要求的逻辑函数。

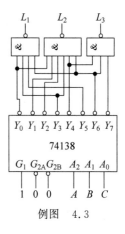

例图 4.3

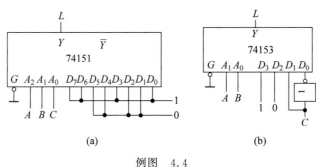

(a)                    (b)

例图 4.4

（2）用 4 选 1 数据选择器 74153 实现（逻辑函数的变量个数大于数据选择器的地址输入变量个数）

方法 1：将逻辑函数 $L = AB + BC + \overline{A}\,\overline{B}\,\overline{C}$ 转换为真值表，如例表 4.4 所示。

将 74153 的使能端 $G$ 接地；选函数变量 $A$、$B$ 接到其地址输入端：$A = A_1, B = A_0$。由例表 4.4 可见，当 $AB = 00$ 时(表中第一、二行)，$L$ 的取值与 $C$ 相反，所以 $D_0 = \overline{C}$；当 $AB = 01$ 时(表中第三、四行)，$L$ 的取值与 $C$ 相同，所以 $D_1 = C$；当 $AB = 10$ 时(表中第五、六行)，无论 $C$ 取什么值，$L$ 都为 0，所以 $D_2 = 0$；当 $AB = 11$ 时(表中第七、八行)，无论 $C$ 取什么值，$L$ 都为 1，所以 $D_3 = 1$。

根据以上分析连接电路，即可实现题目要求的逻辑函数，见例图 4.4(b)。

例表 4.4

| $A$ | $B$ | $C$ | $L$ |
|---|---|---|---|
| 0 | 0 | 0 | 1 |
| 0 | 0 | 1 | 0 |
| 0 | 1 | 0 | 0 |
| 0 | 1 | 1 | 1 |
| 1 | 0 | 0 | 0 |

续表

| $A$ | $B$ | $C$ | $L$ |
|---|---|---|---|
| 1 | 0 | 1 | 0 |
| 1 | 1 | 0 | 1 |
| 1 | 1 | 1 | 1 |

方法2：将74153的 $G$ 端接地； $A_1$、$A_0$ 端接函数变量 $A$、$B$,有 $A=A_1$, $B=A_0$；令函数 $L=AB+BC+\overline{A}\,\overline{B}\,\overline{C}$ 中的 $AB=00$ 时, $L=\overline{C}$; $AB=01$ 时, $L=C$; $AB=10$ 时, $L=0$; $AB=11$ 时, $L=1$。由此可得 $D_0=\overline{C}$, $D_1=C$, $D_2=0$, $D_3=1$,具体的电路连线见例图4.4(b)。

**【例 4.5】** 试用4位加法器74283来实现余3码到2421码的转换。

**解**：设 $X_3X_2X_1X_0$ 为余3码, $Y_3Y_2Y_1Y_0$ 为2421码,两者之间的转换关系见例表4.5。

例表 **4.5**

| 对应的十进制数 | 余3码 | | | | 2421码 | | | |
|---|---|---|---|---|---|---|---|---|
| | $X_3$ | $X_2$ | $X_1$ | $X_0$ | $Y_3$ | $Y_2$ | $Y_1$ | $Y_0$ |
| 0 | 0 | 0 | 1 | 1 | 0 | 0 | 0 | 0 |
| 1 | 0 | 1 | 0 | 0 | 0 | 0 | 0 | 1 |
| 2 | 0 | 1 | 0 | 1 | 0 | 0 | 1 | 0 |
| 3 | 0 | 1 | 1 | 0 | 0 | 0 | 1 | 1 |
| 4 | 0 | 1 | 1 | 1 | 0 | 1 | 0 | 0 |
| 5 | 1 | 0 | 0 | 0 | 1 | 0 | 1 | 1 |
| 6 | 1 | 0 | 0 | 1 | 1 | 1 | 0 | 0 |
| 7 | 1 | 0 | 1 | 0 | 1 | 1 | 0 | 1 |
| 8 | 1 | 0 | 1 | 1 | 1 | 1 | 1 | 0 |
| 9 | 1 | 1 | 0 | 0 | 1 | 1 | 1 | 1 |

将余3码和2421码作一对比,可见对应后5组余3码,2421码＝余3码＋3,即 $Y_3Y_2Y_1Y_0=X_3X_2X_1X_0+0011$。对应前5组余3码,2421码＝余3码－3。而实现减法可以通过加补码的方式完成。由于0011的补码为1101,减0011与加1101等效,所以余3码减3可以等效为 $X_3X_2X_1X_0+1101$。综上所述,实现余3码到2421码的转换归结为余3码 $X_3X_2X_1X_0$ 与一组4位二进制数相加,现由4位加法器74283来实现以上转换。可将余3码 $X_3X_2X_1X_0$ 送入74283的输入端 $A_3A_2A_1A_0$, $B_3B_2B_1B_0$ 接与余3码相加的4位二进制数,在74283的输出端即可得到2421码。但是因余3码取前、后5组值时,与之相加的数值不同,所以要考虑如何设置的问题。如前所述,对前5组余3码,需要 $X_3X_2X_1X_0+1101$;后5组余3码,需要 $X_3X_2X_1X_0+0011$。可见两组二进制数码中最低位始终是1,则 $B_0=1$。而 $B_1$ 位在前5组余3码时为0,后5组余3码时为1,这就要设置一信号 $C$ 来控制 $B_1$ 位了。为得到最简结果,进行卡诺图化简,如例图4.5(a)所示。化简结果为 $C=X_3$,将 $C$ 接到 $B_1$ 端即可。再看 $B_3B_2$ 位,它们与 $B_1$ 位的数码

相反,所以将 $C$ 取反后控制 $B_3B_2$ 位即可。由 4 位加法器 74283 和逻辑门实现的转换电路见例图 4.5(b)。

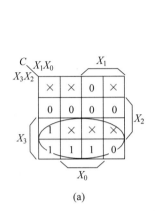

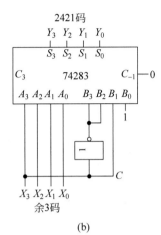

(a)                          (b)

例图　4.5

## 4.5　同步自测

### 4.5.1　同步自测题

一、填空题

1. 组合逻辑电路任何时刻的输出信号,与该时刻的输入信号_____,与电路原来的状态_____。

2. 一个二进制编码器若需要对 12 个输入信号进行编码,则要采用_____位二进制代码。

3. 16 选 1 数据选择器的地址输入端有_____个。

4. 若 4 线-16 线译码器的输出是高电平有效,则当输入 $ABCD = 1010$ 时,输出 $Y_{15} \sim Y_0 =$ _____。

5. 能完成两个一位二进制数相加,并考虑低位进位的器件称为_____。

二、选择题

1. 组合逻辑电路分析的结果是要获得(　　)。
   A. 逻辑电路图　　　　　　　　　　B. 逻辑真值表
   C. 逻辑功能　　　　　　　　　　　D. 逻辑函数表达式

2. 在下列电路中,属于组合逻辑电路的是(　　)。
   A. 触发器　　　　B. 计数器　　　　C. 数据选择器　　　D. 寄存器

3. 多路数据选择器可以直接由(　　)实现。
   A. 编码器　　　　B. 译码器　　　　C. 数据选择器　　　D. 加法器

4. 用两片比较器 7485 串联接成 8 位数值比较器时,低位片的 $I_{A>B}$、$I_{A<B}$、$I_{A=B}$ 应接的电平为(　　)。

    A. 001　　　　　　B. 010　　　　　　C. 100　　　　　　D. 111

5. 组合逻辑电路中的竞争冒险是由于(　　)引起的。

    A. 电路未达到最简　　　　　　B. 电路有多个输出

    C. 逻辑门类型不同　　　　　　D. 电路中的延时

### 三、分析设计题

1. 某组合逻辑电路的工作波形如图 4.5.1 所示,其中 $A$、$B$、$C$ 是电路的输入端,$L$ 是输出端,写出 $L$ 的逻辑函数表达式,并说明该电路实现的功能。

2. 分析图 4.5.2 所示电路,写出 $L_1$、$L_2$ 的逻辑函数表达式,并说明该电路实现的功能。

3. 由数据选择器 74151 组成的多功能组合逻辑电路如图 4.5.3 所示,$A$、$B$ 逻辑输入变量,$S_1$、$S_0$ 为功能选择输入变量,$L$ 为逻辑输出变量。试求当 $S_1$、$S_0$ 为不同取值时 $L$ 的表达式,并说明所实现的功能。

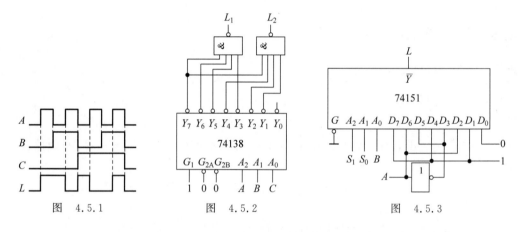

图 4.5.1　　　　　　　　图 4.5.2　　　　　　　　图 4.5.3

4. 请根据全加器的知识,设计一个 1 位全减器,被减数为 $A$,减数为 $B$,低位借位信号为 $C_I$,差为 $D$,向高位的借位为 $C_O$,要求:

(1) 列出真值表,写出 $D$ 和 $C_O$ 的表达式;

(2) 若用一片译码器 74LS138 去实现,请画出逻辑图。

(3) 若用一片双 4 选 1 数据选择器 74LS153 去实现,请画出逻辑图。

## 4.5.2　同步自测题参考答案

### 一、填空题

1. 有关,无关　　2. 4　　3. 4　　4. 0000010000000000　　5. 全加器

二、选择题

1～5　C、C、B、A、D

三、分析设计题

1. **解**：根据图 4.5.1 所示的波形图得到真值表如表 4.5.1 所示，由真值表可知该电路是三输入奇偶校验器。$L$ 的函数表达式为 $L=A\oplus B\oplus C$。

表　4.5.1

| $A$ | $B$ | $C$ | $L$ |
|---|---|---|---|
| 0 | 0 | 0 | 0 |
| 0 | 0 | 1 | 1 |
| 0 | 1 | 0 | 1 |
| 0 | 1 | 1 | 0 |
| 1 | 0 | 0 | 1 |
| 1 | 0 | 1 | 0 |
| 1 | 1 | 0 | 0 |
| 1 | 1 | 1 | 1 |

2. **解**：根据图 4.5.2 所示电路，写出 $L_1$、$L_2$ 的逻辑表达式为

$$L_1(A,B,C)=\sum m(3,5,6,7)$$
$$L_2(A,B,C)=\sum m(1,2,4,7)$$

由逻辑表达式得到真值表如表 4.5.2 所示，真值表说明该电路是一位全加器。其中 $A$、$B$ 是两个加数，$C$ 是低位来的进位，$L_2$ 是本位相加的和，$L_1$ 是向高位的进位。

表　4.5.2

| $A$ | $B$ | $C$ | $L_1$ | $L_2$ |
|---|---|---|---|---|
| 0 | 0 | 0 | 0 | 0 |
| 0 | 0 | 1 | 0 | 1 |
| 0 | 1 | 0 | 0 | 1 |
| 0 | 1 | 1 | 1 | 0 |
| 1 | 0 | 0 | 0 | 1 |
| 1 | 0 | 1 | 1 | 0 |
| 1 | 1 | 0 | 1 | 0 |
| 1 | 1 | 1 | 1 | 1 |

3. **解**：由图 4.5.3 可知，输出 $L=\overline{Y}$，若 $S_1S_0=00$，当 $B=0$ 时，$L=1$；当 $B=1$ 时，$L=0$，因此 $L=\overline{B}$，电路实现非逻辑的功能。

若 $S_1S_0=01$，当 $B=0$ 时，$L=\overline{A}$；当 $B=1$ 时，$L=0$，因此 $L=A\odot B$，电路实现同或的功能。

若 $S_1S_0=10$,当 $B=0$ 时,$L=0$;当 $B=1$ 时,$L=A$,因此 $L=AB$,电路实现与逻辑的功能。

若 $S_1S_0=11$,当 $B=0$ 时,$L=\bar{A}$;当 $B=1$ 时,$L=0$,因此 $L=\overline{A+B}$,电路实现或非的功能。

4. 解:(1)根据题意,列出真值表如表 4.5.3 所示。

表 4.5.3

| $A$ | $B$ | $C_I$ | $D$ | $C_O$ |
|---|---|---|---|---|
| 0 | 0 | 0 | 0 | 0 |
| 0 | 0 | 1 | 1 | 1 |
| 0 | 1 | 0 | 1 | 1 |
| 0 | 1 | 1 | 0 | 1 |
| 1 | 0 | 0 | 1 | 0 |
| 1 | 0 | 1 | 0 | 0 |
| 1 | 1 | 0 | 0 | 0 |
| 1 | 1 | 1 | 1 | 1 |

由真值表可得函数表达式为

$$D=\sum m(1,2,4,7)$$
$$C_O=\sum m(1,2,3,7)$$

(2) 将函数表达式转换为最小项的非的与非形式如下:

$$D=\sum m(1,2,4,7)=\overline{\overline{m_1}\cdot\overline{m_2}\cdot\overline{m_4}\cdot\overline{m_7}}$$
$$C_O=\sum m(1,2,3,7)=\overline{\overline{m_1}\cdot\overline{m_2}\cdot\overline{m_3}\cdot\overline{m_7}}$$

使用 74LS138 实现上述函数表达式的电路如图 4.5.4 所示。

(3) 将 $A$、$B$ 作为 74LS153 的地址输入信号,由真值表可知,实现组合逻辑函数 $D$ 时,$D_0=D_3=C_I$,$D_1=D_2=\bar{C_I}$;实现函数 $C_O$ 时,$D_0=D_3=C_I$,$D_1=1$,$D_2=0$。使用双 4 选 1 数据选择器分别实现 $D$ 和 $C_O$,电路如图 4.5.5 所示。

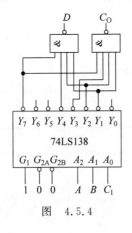

图 4.5.4

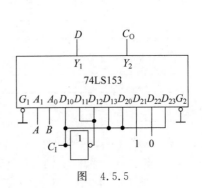

图 4.5.5

## 4.6 习题解答

4.1 逻辑表达式：$L_1 = (A \oplus B) \oplus C$，$L_2 = \overline{A}BC + A\overline{B}C + AB\overline{C} + ABC$，列出真值表同例表 4.2。此电路实现了考虑低位进位的一位二进制数的加法功能，称为全加器。

4.2 $W = A \oplus B \oplus C$，$X = \overline{A}BC + A\overline{B}C = C(A \oplus B)$，$Y = AB\overline{C} + (\overline{A} + \overline{B})C = (AB) \oplus C$，$Z = ABC$，根据以上表达式可画出逻辑电路，见解图 4.2。

4.3 逻辑电路见解图 4.3。

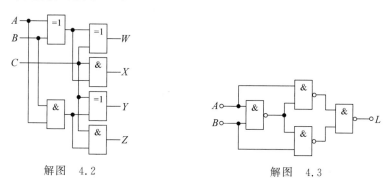

解图 4.2 　　　　　　　　解图 4.3

4.4 （1）用与非门实现：$L = \overline{\overline{A\overline{B}D} \cdot \overline{\overline{A}B\overline{C}} \cdot \overline{BC\overline{D}} \cdot \overline{\overline{A}B\overline{D}} \cdot \overline{\overline{A}B\overline{D}C}}$

（2）用或非门实现：$L = \overline{\overline{\overline{B} + D} + \overline{\overline{A} + B} + \overline{\overline{A} + C + D} + \overline{A + \overline{C} + D} + \overline{A + \overline{B} + C + \overline{D}}}$

（3）用与或非门实现：$L = \overline{\overline{B}\overline{D} + A\overline{B} + A\overline{D}\overline{C} + \overline{A}C\overline{D} + \overline{A}B\overline{C}D}$

根据以上表达式可画出逻辑电路（图略）。

4.5 首先根据题意列出真值表，如解表 4.5 所示，然后写出逻辑函数表达式并化简后可得 $Y = \overline{\overline{B_3 B_2 \overline{B_1}} \cdot \overline{B_3 B_2 \overline{B_0}} \cdot \overline{B_3 \overline{B_2} B_1 B_0}}$，根据表达式可画出逻辑电路如解图 4.5 所示。

解表 4.5

| $B_3$ | $B_2$ | $B_1$ | $B_0$ | $Y$ |
|---|---|---|---|---|
| 0 | 0 | 0 | 0 | 0 |
| 0 | 0 | 0 | 1 | 0 |
| 0 | 0 | 1 | 0 | 0 |
| 0 | 0 | 1 | 1 | 1 |
| 0 | 1 | 0 | 0 | 1 |
| 0 | 1 | 0 | 1 | 1 |
| 0 | 1 | 1 | 0 | 1 |
| 0 | 1 | 1 | 1 | 0 |
| 1 | 0 | 0 | 0 | 0 |

续表

| $B_3$ | $B_2$ | $B_1$ | $B_0$ | $Y$ |
|---|---|---|---|---|
| 1 | 0 | 0 | 1 | 0 |
| 1 | 0 | 1 | 0 | 0 |
| 1 | 0 | 1 | 1 | 0 |
| 1 | 1 | 0 | 0 | 0 |
| 1 | 1 | 0 | 1 | 0 |
| 1 | 1 | 1 | 0 | 0 |
| 1 | 1 | 1 | 1 | 0 |

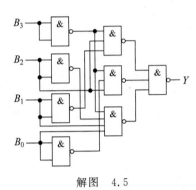

解图 4.5

4.6 首先根据题意列出真值表,如解表 4.6 所示,注意表中的无关项,然后写出逻辑函数表达式并化简后可得 $Y = \overline{\overline{B_2 \overline{B_1}} \cdot \overline{B_2 \overline{B_0}} \cdot \overline{\overline{B_2} B_1 B_0}}$,根据表达式可画出逻辑电路,如解图 4.6 所示。

**解表 4.6**

| $B_3$ | $B_2$ | $B_1$ | $B_0$ | $Y$ |
|---|---|---|---|---|
| 0 | 0 | 0 | 0 | 0 |
| 0 | 0 | 0 | 1 | 0 |
| 0 | 0 | 1 | 0 | 0 |
| 0 | 0 | 1 | 1 | 1 |
| 0 | 1 | 0 | 0 | 1 |
| 0 | 1 | 0 | 1 | 1 |
| 0 | 1 | 1 | 0 | 1 |
| 0 | 1 | 1 | 1 | 0 |
| 1 | 0 | 0 | 0 | 0 |
| 1 | 0 | 0 | 1 | 0 |
| 1 | 0 | 1 | 0 | × |
| 1 | 0 | 1 | 1 | × |
| 1 | 1 | 0 | 0 | × |
| 1 | 1 | 0 | 1 | × |
| 1 | 1 | 1 | 0 | × |
| 1 | 1 | 1 | 1 | × |

4.7 设 8421BCD 码为 $A_3A_2A_1A_0$，余 3 码为 $B_3B_2B_1B_0$。有 $B_0=\overline{A_0}$，$B_1=\overline{A_1\oplus A_0}$，$B_2=\overline{A_2}A_0+\overline{A_2}A_1+A_2\overline{A_1}\,\overline{A_0}$，$B_3=A_3+A_2A_1+A_2A_0$，根据表达式可画出逻辑电路(图略)。

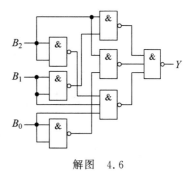

解图 4.6

4.8 设 4 位格雷码为 $A_3A_2A_1A_0$，4 位二进制码为 $B_3B_2B_1B_0$。有 $B_3=A_3$，$B_2=A_3\oplus A_2$，$B_1=A_3\oplus A_2\oplus A_1$，$B_0=A_3\oplus A_2\oplus A_1\oplus A_0$，根据表达式可画出逻辑电路(图略)。

4.9 实现要求的逻辑关系可有多种不同的方案，解图 4.9 是最简单的一种。它对应的逻辑表达式为 $L=A\oplus B\oplus C\oplus D$。

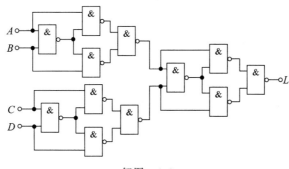

解图 4.9

4.10 逻辑表达式：$B_3=\overline{A_3\oplus C}$，$B_2=\overline{A_2\oplus C}$，$B_1=\overline{A_1\oplus C}$，$B_0=\overline{A_0\oplus C}$。可见由四个同或门即可实现要求的逻辑关系(图略)。

4.11 设 $A$、$B$、$C$ 为输入变量，代表三台设备的故障情况：有故障时为"1"；无故障时为"0"。$L_1$、$L_2$ 为输出变量，表示黄灯和红灯的亮、灭情况：灯亮时为"1"；灯灭时为"0"。逻辑表达式 $L_1=A\oplus(B\oplus C)$，$L_2=\overline{\overline{AB}\cdot\overline{BC}\cdot\overline{AC}}$，根据表达式画出逻辑电路同例图 4.2(b)。若以集成器件为基本单元来考虑问题，可重新化简逻辑函数 $L_2=\overline{\overline{A(B\oplus C)}\cdot\overline{BC}}$，画出逻辑电路同例图 4.2(c)。

4.12 由真值表画出卡诺图，进行化简后得 $W_0=\overline{\overline{\overline{Q_3}\,\overline{Q_2}\,\overline{Q_1}}}$，$W_1=\overline{\overline{\overline{Q_3}\,\overline{Q_2}Q_1}}$，$W_2=\overline{\overline{\overline{Q_3}Q_2\overline{Q_1}}}$，$W_3=\overline{\overline{\overline{Q_3}Q_2Q_1}}$，$W_4=\overline{\overline{Q_3\overline{Q_2}\,\overline{Q_1}}}$。

根据以上表达式，可由与非门实现要求的译码器，如解图 4.12 所示。

4.13 设 $ABCD$ 为译码器的输入信号，$Y_0$、$Y_1$、$Y_2$ 为译码器的输出信号，有 $Y_0=\overline{\overline{\overline{A}BCD}}$，$Y_1=\overline{\overline{\overline{A}BCD}}$，$Y_2=\overline{\overline{ABCD}}$，根据以上表达式，可由与非门实现要求的译码器，如解图 4.13 所示。

4.14 采用二进制译码器。三个输出端 $L_1$、$L_2$、$L_3$，两个输入端 $A_1$、$A_0$。逻辑表达式：$L_1=\overline{A_1}\,\overline{A_0}=\overline{\overline{\overline{A_1}\,\overline{A_0}}}$，$L_2=\overline{A_1}A_0=\overline{\overline{\overline{A_1}A_0}}$，$L_3=A_1\overline{A_0}=\overline{\overline{A_1\overline{A_0}}}$。

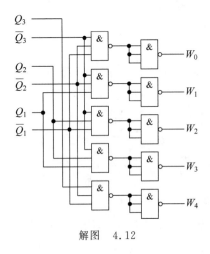

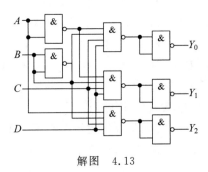

解图 4.12                           解图 4.13

根据以上表达式,可由与非门实现要求的译码器,如解图4.14所示。

4.15  各输入端应置的逻辑电平如解图4.15所示。

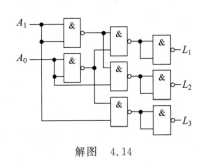

解图 4.14                           解图 4.15

4.16  $L_1 = A\bar{B} + A\bar{C} + \bar{A}BC$,$L_2 = \bar{A}\bar{B} + ABC$

4.17  逻辑电路如解图4.17所示。

4.18  $L_1 = \overline{Y_5 Y_4}$,$L_2 = \overline{Y_0 Y_1 Y_6}$,$L_3 = \overline{Y_7 Y_6 Y_4 Y_3 Y_2 Y_0}$,依据以上表达式,可由一片译码器74138和三个门电路来实现多输出逻辑函数,见解图4.18。

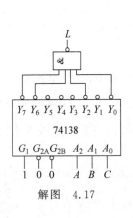

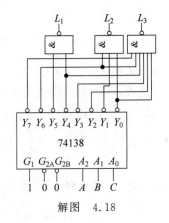

解图 4.17                           解图 4.18

4.19 $L_1 = \overline{Y_7 Y_6 Y_4 Y_2 Y_0}$，$L_2 = \overline{Y_9 Y_5 Y_4 Y_3 Y_1}$，依据以上表达式，可由一片译码器 7442 和两个门电路来实现多输出逻辑函数，见解图 4.19。

4.20 译码系统如解图 4.20 所示。

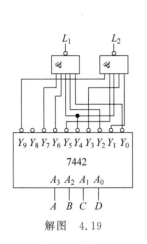

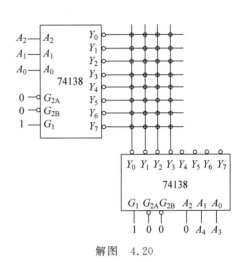

解图 4.19

解图 4.20

4.21 (1) 将 $A$、$B$ 作为 4 选 1 数据选择器的地址输入 $A_1$、$A_0$，实现逻辑函数的电路如解图 4.21(a)所示。

(2) 将 $A$、$B$ 作为 4 选 1 数据选择器的地址输入 $A_1$、$A_0$，$C$ 加在数据输入端，实现逻辑函数的电路如解图 4.21(b)所示。

(3) 将 $A$、$B$ 作为 4 选 1 数据选择器的地址输入 $A_1$、$A_0$，由表达式可知，当 $AB = 01$ 时，$L_3 = C$，因此将 $C$ 加在数据输入端，$D_1 = C$；当 $AB$ 分别为 00、10、11 时，对应的 $D_0 = 0$，$D_2 = 0$，$D_3 = 1$。实现逻辑函数的电路如解图 4.21(c)所示。

(4) 将 $A$、$B$ 作为 4 选 1 数据选择器的地址输入 $A_1$、$A_0$，$C$ 加在数据输入端，由表达式可知，当 $AB$ 分别为 00、01、10、11 时，对应的 $D_0 = 1$，$D_1 = \overline{C}$，$D_2 = C$，$D_3 = 0$。由数据选择器和非门实现逻辑函数的电路如解图 4.21(d)所示。

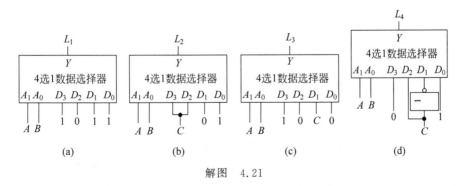

解图 4.21

4.22 (1) 将 $A$、$B$、$C$ 作为 8 选 1 数据选择器的地址输入 $A_2$、$A_1$、$A_0$，实现逻辑函数的电路如解图 4.22(a)所示。

（2）将 $A$、$B$、$C$ 作为 8 选 1 数据选择器的地址输入 $A_2$、$A_1$、$A_0$，$D$ 加在数据输入端，实现逻辑函数的电路如解图 4.22(b)所示。

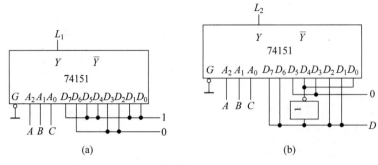

解图 4.22

4.23 设四位二进制码 $ABCD$ 为输入逻辑变量,校验结果 $L$ 为输出逻辑变量。完成 4 位二进制码的奇偶校验功能的电路如解图 4.23 所示。

4.24 产生序列信号的电路如解图 4.24 所示。

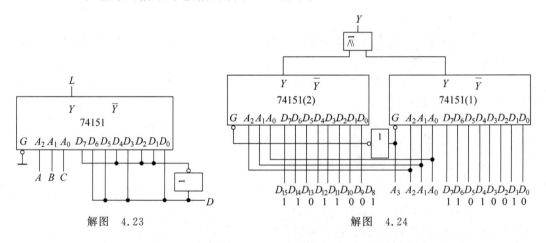

解图 4.23            解图 4.24

4.25 在题图 4.25 所示的逻辑电路中,74138 是 3-8 线二进制译码器,74151 是 8 选 1 数据选择器。当 $X_2X_1X_0$ 由 $000 \sim 111$ 取 8 组值时,74138 的输出 $Y_0 \sim Y_7$ 分别输出低电平,同时其他各端为高电平,又知当 $Z_2Z_1Z_0$ 从 $000 \sim 111$ 取 8 组值时,数据选择器将依次选通 $D_0 \sim D_7$。由此可见,当 $X_2X_1X_0$ 与 $Z_2Z_1Z_0$ 相等时,$Y=0$；当两者不等时,$Y=1$。这是一个相同数值比较器。

4.26 8 位相同数值比较器如解图 4.26 所示。

4.27 10 位数值比较器的接线图如解图 4.27 所示。

4.28 (1)用与非门构成的全加器如解图 4.28(a)所示；(2)用两个半加器和一个或门构成的全加器如解图 4.28(b)所示；(3)用译码器 74138 和与非门构成的全加器如解图 4.28(c)所示；(4)用 8 选 1 数据选择器 74151 构成的全加器如解图 4.28(d)所示。

4.29 (1) 将 8421 码转换成余 3 码的电路如解图 4.29(a)所示。

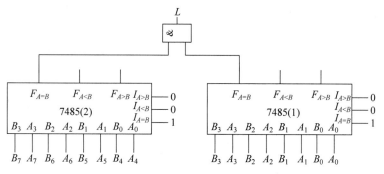

解图 4.26

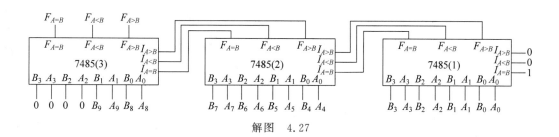

解图 4.27

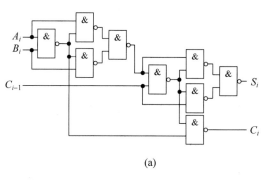

(a)

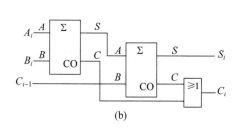

(b)

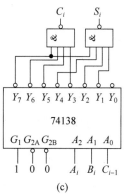

(c)

解图 4.28

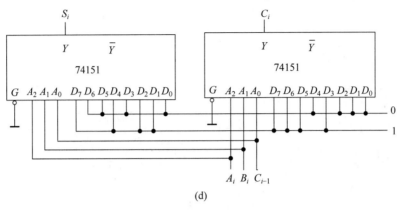

(d)

解图　4.28(续)

（2）设 $X_3 X_2 X_1 X_0$ 为 8421 码，$Y_3 Y_2 Y_1 Y_0$ 为 5421 码，两者之间的转换关系见解表 4.29。

**解表　4.29**

| 对应的十进制数 | 8421 码 | | | | 5421 码 | | | |
|---|---|---|---|---|---|---|---|---|
| | $X_3$ | $X_2$ | $X_1$ | $X_0$ | $Y_3$ | $Y_2$ | $Y_1$ | $Y_0$ |
| 0 | 0 | 0 | 0 | 0 | 0 | 0 | 0 | 0 |
| 1 | 0 | 0 | 0 | 1 | 0 | 0 | 0 | 1 |
| 2 | 0 | 0 | 1 | 0 | 0 | 0 | 1 | 0 |
| 3 | 0 | 0 | 1 | 1 | 0 | 0 | 1 | 1 |
| 4 | 0 | 1 | 0 | 0 | 0 | 1 | 0 | 0 |
| 5 | 0 | 1 | 0 | 1 | 1 | 0 | 0 | 1 |
| 6 | 0 | 1 | 1 | 0 | 1 | 0 | 1 | 0 |
| 7 | 0 | 1 | 1 | 1 | 1 | 0 | 1 | 0 |
| 8 | 1 | 0 | 0 | 0 | 1 | 0 | 1 | 1 |
| 9 | 1 | 0 | 0 | 1 | 1 | 1 | 0 | 0 |

　　将 8421 码和 5421 码作一对比，可见对应前 5 组是完全相同的，在后 5 组，5421 码＝8421 码＋3，即 $Y_3 Y_2 Y_1 Y_0 = X_3 X_2 X_1 X_0 + 0011$。因此，实现 8421 码到 5421 码的转换归结为 $X_3 X_2 X_1 X_0$ 与一组 4 位二进制数相加，现由 4 位加法器 74283 来实现以上转换。可将 8421 码 $X_3 X_2 X_1 X_0$ 送入 74283 的输入端 $A_3 A_2 A_1 A_0$，$B_3 B_2 B_1 B_0$ 接与余 3 码相加的 4 位二进制数，在 74283 的输出端即可得到 5421 码。因 8421 码取前、后 5 组值时，与之相加的数值不同，所以要考虑如何设置的问题。如前所述，前 5 组 8421 码与 5421 码是相同的，只需要 $X_3 X_2 X_1 X_0 + 0000$；后 5 组中，需要 $X_3 X_2 X_1 X_0 + 0011$。可见两组二进制数码中高两位始终是 0，则 $B_3 = 0$，$B_2 = 0$。而低两位 $B_1$ 和 $B_0$ 位是相同的，在前 5 组中为 0，后 5 组中为 1，这就要设置一信号 $C$ 来控制 $B_1$ 和 $B_0$ 位了。为得到最简结果，进行卡诺图化简，如解图 4.29(b)所示。化简结果为 $C = X_3 + X_2 X_1 + X_2 X_0$，因此，通

过门电路获得 $C$ 并将其同时接到 $B_1$ 端和 $B_0$ 端即可。

将 8421 码转换成 5421 码的电路如解图 4.29(c)所示。

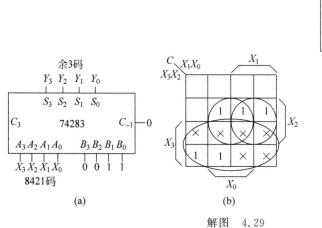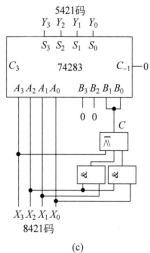

解图 4.29

4.30 （1）当 $A=1,C=0$ 时,会产生竞争冒险。

（2）当 $A=C=0$ 时,会产生竞争冒险。

（3）不存在竞争冒险。

## 4.7　自评与反思

# 第 5 章

记忆单元电路

本章主要学习具有记忆功能的单元电路——锁存器、触发器。锁存器、触发器与逻辑门一样，是组成数字系统的基本逻辑单元电路。与逻辑门不同的是，它们具有记忆功能，是组成时序逻辑电路的重要部件。本章主要学习锁存器和触发器的工作原理、逻辑功能、特性方程、状态图、时序图等，为学习时序逻辑电路打好基础。

## 5.1 学习要求

本章各知识点的学习要求如表 5.1.1 所示。

表 5.1.1 第 5 章学习要求

| 知 识 点 | | 学 习 要 求 | | |
| --- | --- | --- | --- | --- |
| | | 熟练掌握 | 正确理解 | 一般了解 |
| 基本概念 | 锁存器、触发器的特点 | | √ | |
| | 锁存器、触发器的分类 | | | √ |
| 锁存器的电路结构与工作原理 | 基本 RS 锁存器、门控锁存器 | | | √ |
| 锁存器的逻辑功能 | 基本 RS 锁存器 | √ | | |
| | 门控 RS 锁存器 | √ | | |
| | 门控 D 锁存器 | √ | | |
| 触发器的描述方法 | 功能表、特性方程、状态转换图、驱动表、时序图 | √ | | |
| 触发器的电路结构与工作原理 | 主从触发器 | | | √ |
| | 边沿触发器 | | | √ |
| 触发器的逻辑功能 | RS 触发器 | √ | | |
| | JK 触发器 | √ | | |
| | D 触发器 | √ | | |
| | T 与 T′触发器 | √ | | |
| 触发方式 | 电平触发(锁存器) | | √ | |
| | 边沿触发(触发器) | | √ | |
| 触发器之间的转换 | JK 触发器转换为 D 触发器 | √ | | |
| | JK 触发器转换为 T 或 T′触发器 | √ | | |
| | D 触发器转换为 JK 触发器 | √ | | |
| | D 触发器转换为 T 或 T′触发器 | √ | | |

## 5.2 要点归纳

锁存器与触发器是具有记忆功能的单元电路，它们根本的区别是触发方式不同。锁存器为电平触发，即它的输入信号可以直接引发输出状态的改变。触发器为边沿触发，它只在时钟脉冲 CP 跳变沿时改变输出状态。锁存器与触发器的种类繁多且表达方式多样，下面通过列表加以概括。

## 5.2.1 锁存器

常见的锁存器有：基本 RS 锁存器（与非门组成的 RS 锁存器、或非门组成的 RS 锁存器）、门控 RS 锁存器（具有使能端的 RS 锁存器）、门控 D 锁存器（具有使能端的 D 锁存器）。表 5.2.1 列出了上述几种锁存器的符号、功能表、触发特点。

表 5.2.1　几种常用的锁存器

| 名　称 | 符　号 | 功　能　表 | | | 触发特点 |
|---|---|---|---|---|---|

基本 RS 锁存器（由与非门组成）

| $R$ | $S$ | $Q^{n+1}$ |
|---|---|---|
| 0 | 0 | $\times$ |
| 0 | 1 | 0 |
| 1 | 0 | 1 |
| 1 | 1 | $Q^n$ |

电平触发

基本 RS 锁存器（由或非门组成）

| $R$ | $S$ | $Q^{n+1}$ |
|---|---|---|
| 0 | 0 | $Q^n$ |
| 0 | 1 | 1 |
| 1 | 0 | 0 |
| 1 | 1 | $\times$ |

电平触发

门控 RS 锁存器

| $E$ | $R$ | $S$ | $Q^{n+1}$ |
|---|---|---|---|
| 0 | $\times$ | $\times$ | $Q^n$ |
| 1 | 0 | 0 | $Q^n$ |
| 1 | 0 | 1 | 1 |
| 1 | 1 | 0 | 0 |
| 1 | 1 | 1 | $\times$ |

电平触发

门控 D 锁存器

| $E$ | $D$ | $Q^{n+1}$ |
|---|---|---|
| 0 | $\times$ | $Q^n$ |
| 1 | 0 | 0 |
| 1 | 1 | 1 |

电平触发

### 5.2.2　触发器

触发器从逻辑功能来分,有 RS 触发器、JK 触发器、D 触发器、T 触发器、T′触发器等;不同功能的触发器其输入、输出的逻辑关系不同,可以由触发器的功能表、特性方程、状态转换图、驱动表来表示。从结构来分,有主从触发器、维持-阻塞边沿触发器、利用传输延迟的边沿触发器等。不同结构的触发器其触发特点不同,这可以由触发器的逻辑符号体现出来。在波形分析时,要特别注意触发器的触发特点。表 5.2.2 列出了几种常用触发器的符号、功能、触发特点。

表 5.2.2　几种常用的触发器

| 名　称 | RS 触发器 | JK 触发器 | D 触发器 |
|---|---|---|---|
| 符号 | | | |
| 功能表 | $S$ $R$ $Q^{n+1}$<br>0 0 $Q^n$<br>0 1 0<br>1 0 1<br>1 1 不定 | $J$ $K$ $Q^{n+1}$<br>0 0 $Q^n$<br>0 1 0<br>1 0 1<br>1 1 $\bar{Q}^n$ | $D$ $Q^{n+1}$<br>0 0<br>1 1 |
| 特性方程 | $Q^{n+1}=S+\bar{R}Q^n$<br>$RS=0$ | $Q^{n+1}=J\bar{Q}^n+\bar{K}Q^n$ | $Q^{n+1}=D$ |
| 状态转换图 | | | |
| 驱动表 | $Q^n \to Q^{n+1}$ $S$ $R$<br>0 0 0 ×<br>0 1 1 0<br>1 0 0 1<br>1 1 × 0 | $Q^n \to Q^{n+1}$ $J$ $K$<br>0 0 0 ×<br>0 1 1 ×<br>1 0 × 1<br>1 1 × 0 | $Q^n \to Q^{n+1}$ $D$<br>0 0 0<br>0 1 1<br>1 0 0<br>1 1 1 |
| 触发特点 | CP 脉冲下降沿触发 | CP 脉冲下降沿触发 | CP 脉冲上升沿触发(边沿) |

续表

| 名　　称 | T 触发器 | T′触发器 | |
|---|---|---|---|
| 符号 | $\overline{Q}$　$Q$　　C1　1T　　CP | $\overline{Q}$　$Q$　　C1　1T　　CP　1 | |
| 功能表 | $T$ ｜ $Q^{n+1}$<br>0 ｜ $Q^n$<br>1 ｜ $\overline{Q}^n$ | $Q^n$ ｜ $Q^{n+1}$<br>0 ｜ 1<br>1 ｜ 0 | |
| 特性方程 | $Q^{n+1}=T\overline{Q}^n+\overline{T}Q^n$ | $Q^{n+1}=\overline{Q}^n$ | |
| 状态转换图 | $T=1$／$T=1$／0　1／$T=0$　$T=1$　$T=0$ | 无 | |
| 驱动表 | $Q^n \rightarrow Q^{n+1}$ ｜ $T$<br>0　0 ｜ 0<br>0　1 ｜ 1<br>1　0 ｜ 1<br>1　1 ｜ 0 | 无 | |
| 触发特点 | CP 脉冲下降沿触发 | CP 脉冲下降沿触发 | |

注：①为了增加使用的灵活性,触发器可设置多个输入端。如 JK 触发器的输入端可有 $J_1$、$J_2$、$J_3$,$K_1$、$K_2$、$K_3$,多端之间是相与的关系,即 $J=J_1J_2J_3$,$K=K_1K_2K_3$；②为了预置初始状态,触发器可以设置直接置 0 端 $R_D$ 和直接置 1 端 $S_D$。它们的优先级高于触发器的其他输入端。常见两种功能特点的 $R_D$ 和 $S_D$ 端：一种是低电平有效的,在其逻辑符号的 $R_D$、$S_D$ 端点上有小圆圈,表示当 $R_D$、$S_D$ 分别输入低电平时完成置 0、置 1 的功能,不用时要使 $R_D$、$S_D$ 同时为高电平。另一种是高电平有效的,在其逻辑符号的 $R_D$、$S_D$ 端点上无小圆圈,这表示当 $R_D$、$S_D$ 分别输入高电平时完成置 0、置 1 的功能,不用时要使 $R_D$、$S_D$ 同时为低电平。

## 5.2.3　不同功能触发器之间的转换

各种不同功能触发器之间可以相互转换,实际中最常见的是 JK 和 D 触发器,表 5.2.3 列出了由它们转换为其他功能触发器的状况。

**表 5.2.3　触发器功能的转换**

| 转换内容 | JK→D | JK→T | JK→T′ |
|---|---|---|---|
| 转换依据 | $Q^{n+1}=J\overline{Q}^n+\overline{K}Q^n$<br>$Q^{n+1}=D=D\overline{Q}^n+DQ^n$<br>得 $J=D$,$K=\overline{D}$ | $Q^{n+1}=J\overline{Q}^n+\overline{K}Q^n$<br>$Q^{n+1}=T\overline{Q}^n+\overline{T}Q^n$<br>得 $J=T$,$K=T$ | $Q^{n+1}=J\overline{Q}^n+\overline{K}Q^n$<br>$Q^{n+1}=\overline{Q}^n$<br>得 $J=1$,$K=1$ |

| 转换内容 | JK→D | JK→T | JK→T′ |
|---|---|---|---|
| 转换电路 | (电路图) CP D | (电路图) CP T | (电路图) CP |

| 转换内容 | D→JK | D→T | D→T′ |
|---|---|---|---|
| 转换依据 | $Q^{n+1}=D$ <br> $Q^{n+1}=J\bar{Q}^n+\bar{K}Q^n$ <br> 得 $D=J\bar{Q}^n+\bar{K}Q^n$ | $Q^{n+1}=D$ <br> $Q^{n+1}=T\bar{Q}^n+\bar{T}Q^n$ <br> 得 $D=T\bar{Q}^n+\bar{T}Q^n$ | $Q^{n+1}=D$ <br> $Q^{n+1}=\bar{Q}^n$ <br> 得 $D=\bar{Q}^n$ |
| 转换电路 | (电路图) J K CP | (电路图) T CP | (电路图) CP |

## 5.3 难点释疑

1. 如何正确画出触发器电路的工作波形？

答：触发器电路主要涉及触发器的使用，要正确画出触发器电路的工作波形，必须弄清两个问题：一是触发器的类型及电路结构，确定触发器在什么时刻发生翻转；二是根据触发器的逻辑功能确定触发器的次态。在第二个问题中，首先观察优先级最高的直接置 0 和直接置 1 输入端 $R_D$、$S_D$，若 $R_D$ 或 $S_D$ 处于有效电平，此时触发器的次态与输入信号无关；当 $R_D$ 或 $S_D$ 为无效电平时，触发器的次态根据输入信号确定。

2. 什么是门控锁存器的"空翻"现象？如何抑制"空翻"？

答：在使能信号为"1"期间，门控锁存器的输出随输入发生多次变化的现象称为"空翻"。空翻造成锁存器工作不可靠，当干扰信号在输入端引起电平突变时，锁存器输出的逻辑值发生变化。为了抑制空翻,可采用触发器,例如边沿触发方式的主从 JK 触发器和维持-阻塞 D 触发器等。这些触发器由于只在时钟脉冲边沿发生翻转,从而有效地抑制了空翻现象。

3. 如何理解主从 JK 触发器的"一次变化"现象?怎样避免"一次变化"?

**答**:主从结构的 JK 触发器有一个缺点——"一次变化现象",有两种情况会发生"一次变化"。

(1) 触发器的 $Q=0$、$\bar{Q}=1$,在 CP=1 期间 $J$ 出现过从 0-1-0 的变化。

触发器的 $Q=0$、$\bar{Q}=1$,其内部主锁存器和从锁存器的初始状态分别为 $Q'=0$、$\bar{Q}'=1$ 和 $Q=0$、$\bar{Q}=1$,如图 5.3.1 所示。在 CP=1 期间,无论 $K=1$ 或 $K=0$,当 $J$ 由 0 变为 1 时,$G_1$、$G_2$ 的输出分别为 0 和 1,使主锁存器状态翻转为 $Q'=1$、$\bar{Q}'=0$。当 $J$ 再变回 0 时,主锁存器的状态是否能恢复到原来的 0 状态呢?答案是否定的。因为从锁存器的状态没有变,$Q$ 仍为 0,通过反馈线封锁了 $G_1$ 门,当 $J$ 再变回 0 时,$G_1$、$G_2$ 的输出都为 0,主锁存器不再翻转。所以当 CP 下降沿到来时,从锁存器翻转为 $Q=1$、$\bar{Q}=0$。对于给定的输入波形画出其对应的输出波形,如图 5.3.2 所示。

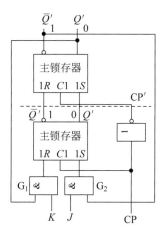

图 5.3.1 主从 JK 触发器的内部结构及状态($Q=0$、$\bar{Q}=1$)

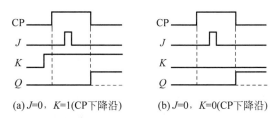

(a)$J=0$,$K=1$(CP下降沿)  (b)$J=0$,$K=0$(CP下降沿)

图 5.3.2 主从 JK 触发器的一次变化波形(CP=1 期间 $J$ 出现从 0-1-0)

由图 5.3.2 可知,在 CP 的下降沿,$Q$ 输出的逻辑状态与 JK 触发器的功能不相符。

由此看出,主从 JK 触发器在 CP=1 期间,主锁存器只变化(翻转)一次,这种现象称**为一次变化现象**。

（2）触发器的 $Q=1$、$\bar{Q}=0$，在 CP$=1$ 期间 $K$ 出现过从 0-1-0 的变化。

触发器的 $Q=1$、$\bar{Q}=0$，其内部主锁存器和从锁存器的初始状态分别为 $Q'=1$、$\bar{Q}'=0$ 和 $Q=1$、$\bar{Q}=0$，如图 5.3.3 所示。在 CP$=1$ 期间，无论 $J=1$ 或 $J=0$，当 $K$ 由 0 变为 1 时，$G_1$、$G_2$ 的输出分别为 1 和 0，使主锁存器状态翻转为 $Q'=0$、$\bar{Q}'=1$。当 $K$ 再变回 0 时，$G_1$、$G_2$ 的输出都为 0，主锁存器不再翻转。所以当 CP 下降沿到来时，从锁存器翻转为 $Q=0$、$\bar{Q}=1$。对于给定的输入波形画出其对应的输出波形，如图 5.3.4 所示。

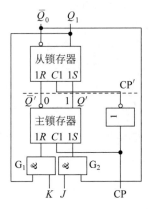

图 5.3.3　主从 JK 触发器的内部结构及状态（$Q=1$、$\bar{Q}=0$）

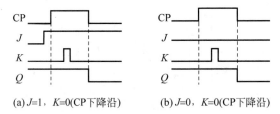

(a)$J=1$，$K=0$(CP下降沿)　　(b)$J=0$，$K=0$(CP下降沿)

图 5.3.4　主从 JK 触发器的一次变化波形（CP$=1$ 期间 $K$ 出现从 0-1-0）

从图 5.3.4 可知，主从触发器的初始状态 $Q=1$、$\bar{Q}=0$ 时，若在 CP$=1$ 期间 $K$ 出现过从 0-1-0 的变化，同样会产生"一次变化"现象，"一次变化"也导致了 $Q$ 与触发器功能不相符的逻辑输出。

只有在两种情况下会出现一次变化现象。一是当触发器的输出为 0 状态时，在 CP$=1$ 期间 $J$ 出现过 0-1-0 的变化；二是当触发器的输出为 1 状态时，在 CP$=1$ 期间 $K$ 出现过 0-1-0 的变化。

为了避免发生一次变化现象，比较简单的办法是在使用主从 JK 触发器时，保证在 CP$=1$ 期间，$J$、$K$ 保持状态不变。另一种方法是从电路结构上入手，让触发器只接收 CP 触发沿（上升沿或下降沿）到来前一瞬间的输入信号，即选用边沿触发器。

4. 在实际应用中，如何实现触发器逻辑功能的转换？

**答**：在实际应用中，经常需要将一种功能的触发器转换成其他功能的触发器。触发器逻辑功能转换的方法是：对比两种触发器的特性方程，得到转换电路的逻辑表达式，进而通过必要的逻辑门和一些连线,画出转换电路,就可以实现触发器逻辑功能的转换。

下面,以 D 触发器转换为 T 触发器为例进行详细分析。

D 触发器的特性方程为

$$Q^{n+1} = D$$

T 触发器的特性方程为

$$Q^{n+1} = T\bar{Q}^n + \bar{T}Q^n$$

通过比较上述两个触发器的特性方程,可以得到转换电路的逻辑表达式为

$$D = T\bar{Q} + \bar{T}Q = T \oplus Q = T \odot \bar{Q}$$

因此,可以在 D 触发器的 D 输入端前增加一个异或门或者同或门即可实现 D 触发器到 T 触发器功能的转换。逻辑电路分别如图 5.3.5(a)、(b)所示。

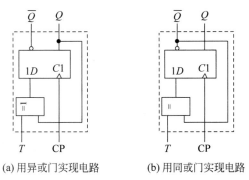

(a)用异或门实现电路    (b)用同或门实现电路

图 5.3.5　D 触发器转换为 T 触发器

## 5.4　重点剖析

【例 5.1】　触发器电路如例图 5.1-1 所示,设各触发器的初始状态为 0,请画出在连续脉冲 CP 作用下的各触发器输出端的波形,并指出哪些电路工作在计数状态。

**解**:分析电路,写出表达式:

(a) 由 $Q^{n+1} = J\bar{Q}^n + \bar{K}Q^n$,$J = K = 1$,得 $Q^{n+1} = \bar{Q}^n$

(b) 由 $Q^{n+1} = J\bar{Q}^n + \bar{K}Q^n$,$J = \bar{Q}^n$,$K = 0$,得 $Q^{n+1} = 1$。因初始状态为 0,所以在第一个 CP 脉冲下降沿的作用下,输出才改变为 1。

(c) 由 $Q^{n+1} = D$,$D = \bar{Q}^n$,有 $Q^{n+1} = \bar{Q}^n$

(d) 由 $Q^{n+1} = J\bar{Q}^n + \bar{K}Q^n$,$J = Q^n$,$K = \bar{Q}^n$,得 $Q^{n+1} = Q^n$,因初始状态为 0,所以输出状态始终与它一致。

(e) 由 $Q^{n+1} = D$,$D = \bar{Q}^n$,有 $Q^{n+1} = \bar{Q}^n$。但因 $R_D = 0$,$S_D = 1$,则会直接置 0。

(f) 因 $R_D = S_D = 1$,处于弃权状态,所以由 $Q^{n+1} = J\bar{Q}^n + \bar{K}Q^n$,$J = \bar{Q}^n$,$K = Q^n$,得 $Q^{n+1} = \bar{Q}^n$。

画出各电路的输出波形如例图 5.1-2 所示。通过逻辑符号确定:(a)、(b)中的触发器是下降沿触发的;(c)、(d)、(e)、(f)是上升沿触发的。

（a）、（c）、（f）对应的电路工作在计数状态，即 $T'$ 触发器。

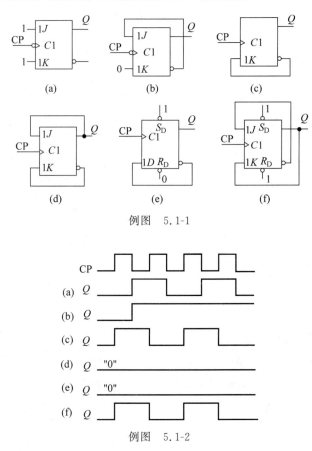

例图　5.1-1

例图　5.1-2

【例 5.2】　触发器电路及 CP、$A$、$B$ 的波形如例图 5.2-1 所示，设各触发器的初始状态为 0，试画出各触发器输出端的波形。

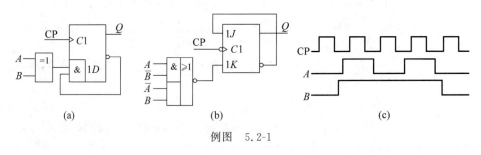

例图　5.2-1

**解**：在例图 5.2-1（a）中：$D=(A\oplus B)\overline{Q}^n$。在例图 5.2-1（b）中：$J=\overline{Q}^n$，$K=\overline{(A\oplus B)}$。根据触发器的输入、功能、触发特点画出各电路的输出波形如例图 5.2-2 所示。

＊**特别提示**：在画触发器的波形图时，应注意以下两点：

（1）触发器的翻转时刻发生在时钟脉冲 CP 的触发沿（上升沿或下降沿）。

（2）触发器的翻转方向（次态）取决于 CP 触发沿前一瞬间的输入变量的状况。

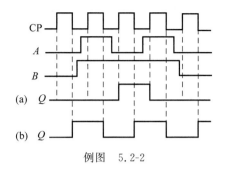

例图 5.2-2

**【例 5.3】** 两触发器构成的同步时序电路及 CP、$X$ 的波形如例图 5.3-1 所示。分析电路并画出 $Q_0$、$Q_1$ 和 $Z$ 端的输出波形。设各触发器的初始状态为 0。

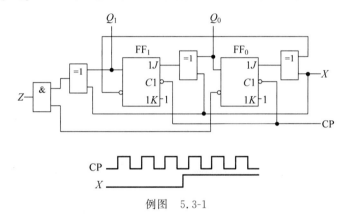

例图 5.3-1

**解**：（1）分析电路，写出逻辑表达式：

$\text{FF}_0$：$J_0 = X \oplus \bar{Q}_1^n$（当 $X = 0$ 时，$J_0 = \bar{Q}_1^n$，当 $X = 1$ 时，$J_0 = Q_1^n$），$K_0 = 1$

$\text{FF}_1$：$J_1 = X \oplus Q_0^n$（当 $X = 0$ 时，$J_1 = Q_0^n$，当 $X = 1$ 时，$J_1 = \bar{Q}_0^n$），$K_1 = 1$

$Z = (X \oplus Q_1^n) \cdot \bar{Q}_0^n$（当 $X = 0$ 时，$Z = Q_1^n \bar{Q}_0^n$，当 $X = 1$ 时，$Z = \bar{Q}_1^n \bar{Q}_0^n$）

（2）根据以上表达式，可画出在 CP、$X$ 作用下电路的波形图，如例图 5.3-2 所示。

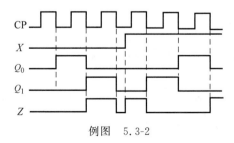

例图 5.3-2

＊**特别提示**：①【例 5.3】电路中的两个触发器的输出状态在 CP 脉冲下降沿的作用下同步翻转，翻转为什么状态取决于 CP 下降沿前一瞬间的 $J$、$K$，而 $J$、$K$ 又与触发器的

输出状态相关,就要看下降沿前一瞬间的输出状态了。

② $X$ 是整个电路的输入控制信号,$Z$ 是整个电路的输出信号。触发器的输出状态 $Q_0$、$Q_1$ 和输出 $Z$ 都受到 $X$ 的控制。画波形时要注意 $X$ 的取值。另外,$Z$ 与 $X$、$Q_0$、$Q_1$ 之间为组合逻辑关系,这意味着当时的输入($X$、$Q_0$、$Q_1$)决定当时的输出($Z$)。可先画出 $Q_0$、$Q_1$,最后画 $Z$ 的波形。

**【例 5.4】** 电路如例图 5.4-1(a)所示,设各触发器的初始状态为 0,请画出在例图 5.4-1(b)所示 CP 及 $X$ 作用下的各触发器输出端的波形。

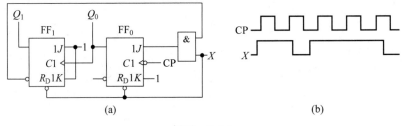

例图 5.4-1

**解**:电路中有两个触发器,FF$_0$ 由 CP 下降沿直接触发状态翻转;FF$_1$ 由 $Q_0$ 上升沿触发。两触发器翻转为何种状态由它们的输入信号决定:$J_0 = X\overline{Q}_1^n$,$K_0 = 1$,$J_1 = K_1 = 1$。

此电路要特别注意的是:触发器设置有直接置 0 端,且为低电平有效,由 $X$ 控制。当 $X$ 为 0 时,两触发器均置 0,并且触发器的其他输入端无效。只有置 0 端为 1 时,CP、$J$、$K$ 才有效。

根据以上分析,可画出在 CP、$X$ 作用下电路的波形图,如例图 5.4-2 所示。

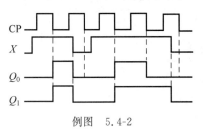

例图 5.4-2

## 5.5 同步自测

### 5.5.1 同步自测题

**一、填空题**

1. 由**与非门**组成的基本 RS 锁存器,欲使锁存器处于"置 1"状态,其输入信号应为_____。

2. 由**或非门**构成的基本 RS 锁存器,输入信号的约束条件是_____。

3. 主从 JK 触发器的特性方程是_____;维持-阻塞边沿 D 触发器的特性方程是_____。

4. 对于 JK 触发器,若输入 $J = 0$,$K = 1$,则在 CP 脉冲作用后,触发器的次态应为_____。

5. 对于 T 触发器,若现态 $Q^n = 0$,在 CP 脉冲作用后,欲使次态 $Q^{n+1} = 1$,则触发器

的输入 $T$ 应为_____。

二、选择题

1. 在下列记忆单元电路中,没有约束条件的是(　　)。
    A. 基本 RS 锁存器　　　　　　　　　B. 门控 RS 锁存器
    C. 主从 RS 触发器　　　　　　　　　D. 主从 JK 触发器

2. 假设 JK 触发器的现态 $Q^n = 0$,欲使次态 $Q^{n+1} = 0$,则输入信号应为(　　)。
    A. $J = 0, K = \times$　　　B. $J = \times, K = 0$　　　C. $J = 0, K = 0$　　　D. $J = 1, K = 1$

3. 电路如图 5.5.1 所示,能够实现 $Q^{n+1} = \bar{Q}^n$ 的电路是(　　)。

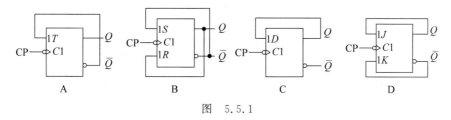

图　5.5.1

4. 电路如图 5.5.2 所示。输出端 $Q$ 所得波形的频率为 CP 信号二分频的电路为(　　)。

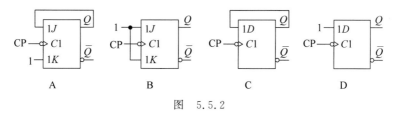

图　5.5.2

5. 若将 D 触发器转换为 T 触发器,则图 5.5.3 所示电路中的虚线框内应是(　　)。
    A. 或非门　　　　　　B. 与非门　　　　　　C. 异或门　　　　　　D. 同或门

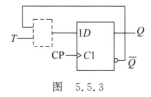

图　5.5.3

三、分析题

1. 触发器电路和输入端 CP、$S_D$、$R_D$、$A$、$B$ 的电压波形如图 5.5.4 所示,设触发器的初始状态为 0,试画出触发器输出端 $Q$ 的电压波形。

2. 已知边沿 JK 触发器逻辑图和各输入端的电压波形如图 5.5.5 所示,设触发器的初始状态为 0,试画出触发器输出端 $Q$ 的电压波形。

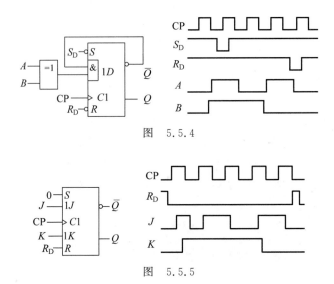

图 5.5.4

图 5.5.5

3. 已知电路及 CP、$A$ 的波形如图 5.5.6 所示,设触发器的初始状态均为 0,试画出 $FF_1$ 和 $FF_0$ 的输出端 $Q_1$ 和 $Q_0$ 的波形。

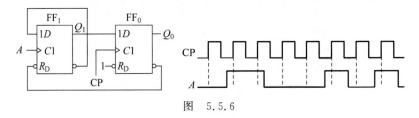

图 5.5.6

## 5.5.2 同步自测题参考答案

一、填空题

1. $S=0,R=1$    2. $RS=0$    3. $Q^{n+1}=J\overline{Q}^n+\overline{K}Q^n$;$Q^{n+1}=D$

4. 0    5. 1

二、选择题

1～5 D、A、B、B、C

三、分析计算题

1. **解**:由图 5.5.7 可知,$S_D$、$R_D$ 为低电平有效,当 $S_D=0$ 时,$Q$ 为 1;当 $R_D=0$ 时,$Q$ 为 0;当 $S_D=1$,$R_D=1$ 时,在 CP 上升沿发生翻转,$Q^{n+1}=D=(A\oplus B)\overline{Q}^n$。因此,可画出 $Q$ 的波形如图 5.5.7 所示。

2. **解**：由触发器的逻辑图可知，$R_D$ 为高电平有效，即当 $R_D = 1$ 时，$Q$ 为 0。当 $R_D = 0$ 时，触发器实现 JK 触发器的功能，且在 CP 上升沿发生翻转。因此，可画出 $Q$ 的电压波形如图 5.5.8 所示。

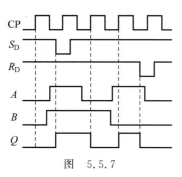

图 5.5.7

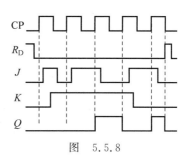

图 5.5.8

3. **解**：由电路图可知，触发器 $FF_1$ 的 $CP_1 = A$（上升沿），触发器 $FF_0$ 的 $CP_0 = CP$（上升沿）。D 触发器的状态方程为 $Q_1^{n+1} = \bar{Q}_1^n$，$Q_0^{n+1} = Q_1^n$。

在给定 CP、$A$ 的作用下，可画出输出波形如图 5.5.9 所示。

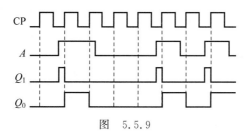

图 5.5.9

## 5.6 习题解答

5.1 输出 $Q$ 和 $\bar{Q}$ 端的波形如解图 5.1 所示。

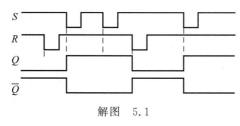

解图 5.1

5.2 $Q$ 和 $\bar{Q}$ 端的波形如解图 5.2 所示。

5.3 $Q$ 和 $\bar{Q}$ 端的波形如解图 5.3 所示。

5.4 $Q$ 端的波形见解图 5.4。

5.5 $Q$ 端的波形见解图 5.5。

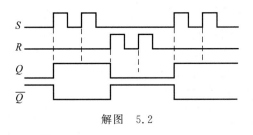

解图 5.2

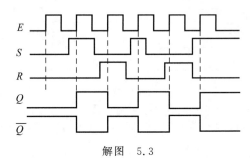

解图 5.3

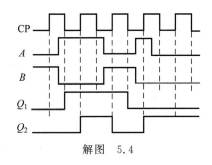

解图 5.4

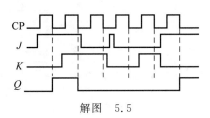

解图 5.5

5.6　Q 端的波形见解图 5.6。

5.7　各电路的输出波形如解图 5.7 所示。

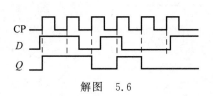

解图 5.6

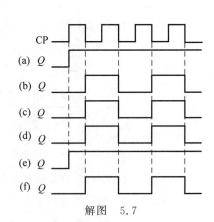

解图 5.7

5.8　$Q_1$ 和 $Q_2$ 的波形如解图 5.8 所示。

5.9　$Q_0$ 和 $Q_1$ 端的输出波形如解图 5.9 所示。

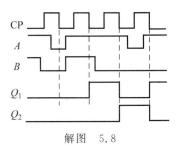

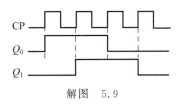

解图　5.8　　　　　　　　　　　解图　5.9

5.10　根据题意可知，$J=\bar{Q}$，$K=Q$，代入 JK 触发器的特性方程可求得 $Q^{n+1}=\bar{Q}^n$。$Q$、$\bar{Q}$、$U_{O1}$、$U_{O2}$ 的波形见解图 5.10。

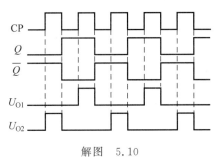

解图　5.10

5.11　$Q_0$ 和 $Q_1$ 端的输出波形见解图 5.11。

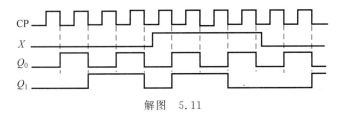

解图　5.11

5.12　$Q_0$、$Q_1$ 的波形见解图 5.12。

5.13　$Q_0$ 和 $Q_1$ 的波形见解图 5.13。

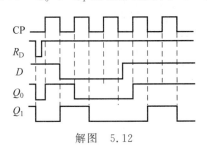

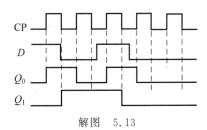

解图　5.12　　　　　　　　　　解图　5.13

5.14　$\Phi_1$、$\Phi_2$ 的波形见解图 5.14。$\Phi_1$、$\Phi_2$ 的相位差一个 CP 脉冲周期。

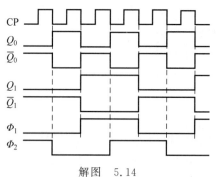

解图　5.14

5.15　$Q_0$、$Q_1$ 端的波形见解图 5.15。

5.16　$Q_0$、$Q_1$ 端的波形见解图 5.16。

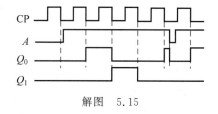

解图　5.15

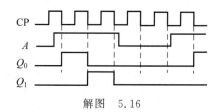

解图　5.16

5.17　(1) JK 触发器实现的逻辑电路见解图 5.17(a)。

(2) D 触发器实现的逻辑电路见解图 5.17(b)。

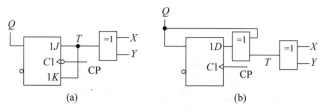

解图　5.17

5.18　$Q_0$、$Q_1$ 及输出 $U_O$ 的波形见解图 5.18。

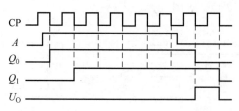

解图　5.18

## 5.7 自评与反思

# 第6章

# 时序逻辑电路

本章是课程的重点章节,主要学习时序逻辑电路的分析、设计和典型的时序逻辑功能部件:计数器、寄存器。通过学习本章内容,读者具备时序逻辑电路的分析与设计能力,并能够综合运用组合逻辑电路和时序逻辑电路解决实际问题。

## 6.1　学习要求

本章各知识点的学习要求如表 6.1.1 所示。

表 6.1.1　第 6 章学习要求

| 知　识　点 | | 学 习 要 求 | | |
|---|---|---|---|---|
| | | 熟练掌握 | 正确理解 | 一般了解 |
| 时序逻辑电路的基本概念 | 时序逻辑电路的结构与特点 | | ✓ | |
| | 时序逻辑电路的分类 | | | ✓ |
| 由触发器组成的时序逻辑电路分析 | 分析步骤 | ✓ | | |
| | 状态表、状态转换图、时序图 | ✓ | | |
| | 功能描述 | ✓ | | |
| 计数器的基本概念 | 定义、功能 | | | ✓ |
| | 分类 | | ✓ | |
| 常用中规模集成计数器、集成寄存器 | 内部电路原理 | | | ✓ |
| | 识读功能表、时序图 | ✓ | | |
| | 使用方法 | ✓ | | |
| 基于中规模器件的时序逻辑电路 | 分析 | ✓ | | |
| | 设计 | ✓ | | |
| | 综合应用 | ✓ | | |
| 时序逻辑电路设计 | 同步时序逻辑电路的设计方法 | | ✓ | |
| | 异步时序逻辑电路的设计方法 | | | ✓ |

## 6.2　要点归纳

### 6.2.1　时序逻辑电路的特点及分类

时序逻辑电路的特点是:电路任意时刻的输出状态不仅取决于当时的输入信号,还与电路的原输出状态有关。因此时序电路中必须含有记忆元件——触发器。时序逻辑电路分为同步和异步两大类:同步时序逻辑电路中的所有触发器由统一的时钟脉冲信号控制,状态在同一时刻翻转。异步时序逻辑电路中触发器的时钟端由不同的信号控制,各触发器的状态有可能在不同的时刻翻转。

## 6.2.2 时序逻辑电路的分析方法

分析一个由触发器组成的时序逻辑电路,是根据给定的逻辑电路图,在时钟及其他输入作用下,找出电路的状态和输出的变化规律,从而获得其逻辑功能。时序逻辑电路分析的一般步骤和流程如图 6.2.1 所示。

图 6.2.1 时序逻辑电路分析的一般步骤和流程

**1. 同步时序逻辑电路的分析方法**

由于同步时序电路中的触发器的时钟控制信号为同一信号,所以可以省略写出时钟方程的步骤。其分析步骤归纳如下:

(1) 根据给定的时序电路写出各触发器的驱动方程及电路的输出方程;
(2) 将驱动方程代入相应触发器的特性方程,求得各触发器的状态方程;
(3) 根据状态方程和输出方程,列出该时序电路的状态表,画出状态图或时序图;
(4) 根据电路的状态表或状态图说明给定时序逻辑电路的逻辑功能。

**2. 异步时序逻辑电路的分析方法**

与同步时序逻辑电路相比,由于异步时序电路中触发器的时钟控制信号来源不同,所以除了要完成上述同步时序电路的各分析步骤之外,还要考虑各个触发器的时钟信号的情况,即要写出各触发器的时钟方程,并在状态方程和状态表中体现出时钟信号的控制状况。

## 6.2.3 常见的时序逻辑电路模块

**1. 计数器**

1) 计数器的定义及分类
计数器是一种用以累计输入脉冲个数的电路。计数器的进制也称为模,用 $M$ 表示。按计数进制可分为二进制和非二进制计数器。非二进制计数器中最典型的是十进制计数器。按计数的增减趋势可分为加法、减法计数器。按计数器中触发器翻转是否与计数脉冲同步分为同步计数器和异步计数器。
2) 计数器的分析方法
同步和异步计数器的分析方法分别与同步和异步时序逻辑电路的分析方法一致。
3) 中规模集成计数器及其应用
(1) 中规模集成计数器的分类。集成计数器按照内部电路组成、计数进制等不同有多种分类,如图 6.2.2 所示。不同类型的集成计数器是由其型号区分的,我们可以根据型号查询集成电路手册或相关资料,获得集成计数器的名称、功能表、时序图、引脚排列图、电路参数等。在此基础上便可以灵活地应用计数器了。

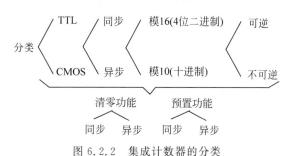

图 6.2.2 集成计数器的分类

(2) 构成任意进制的计数器。利用集成计数器构成任意进制的加法计数器要采用反馈清零或预置数的方法完成,根据计数器种类的不同可以有 4 种具体的实现方法:

*异步清零法——适用于具有异步清零端的集成计数器。若要构成模 $N$ 计数器,要使计数器从 0 开始加法计数,当到达状态 $N$(由二进制数码表达)时,通过控制电路产生反馈清零信号,使得计数器回 0,则可使计数器在状态 $0 \sim (N-1)$ 之间循环,获得 $N$ 进制计数器。注意,构成模 $N$ 计数器,要利用状态 $N$ 反馈清零。

*同步清零法——适用于具有同步清零端的集成计数器。其工作过程与异步清零法基本相同,唯一不同的是,构成模 $N$ 计数器,要利用状态 $(N-1)$ 反馈清零。

*异步预置数法——适用于具有异步预置数端的集成计数器。若要构成模 $N$ 计数器,要使计数器从初始状态 $S$ 开始加法计数,当到达状态 $S+N$ 时,通过控制电路产生反馈置数信号,使计数器回到初始状态 $S$,这可使计数器在状态 $S \sim (S+N)-1$ 之间循环,获得 $N$ 进制计数器。注意,构成模 $N$ 计数器,要用状态 $S+N$ 反馈置数。

*同步预置数法——适用于具有同步预置数端的集成计数器。其工作过程与异步预置数法基本相同,唯一不同的是,构成模 $N$ 计数器,要用状态 $(S+N)-1$ 反馈置数。

利用集成计数器也可以构成任意进制的减法计数器。与加法不同的是:

减法计数器的初始状态应为计数状态中的最大数(加法计数器为最小数),如:构成七进制计数器,则初始状态可为 0111,然后在计数脉冲作用下逐次递减(要用具有减法功能的计数器,并将其控制端放在减法的位置),完成一次循环时,可通过反馈置数功能使计数器回到初始状态。

(3) 组成序列信号发生器。序列信号发生器是产生序列信号(在时钟脉冲作用下产生的一串周期性的二进制信号)的时序电路。用集成计数器及组合电路可以构成序列信号发生器。构成的方法如下:

第一步:构成一个模 $P$ 计数器,$P$ 为序列长度;

第二步:根据计数器的状态和序列码的要求设计相应的组合逻辑电路。由组合电路的输出端可以获得序列码。

(4) 组成脉冲分配器。脉冲分配器是在时钟脉冲作用下,使每个输出端顺序地输出节拍脉冲的电路。由集成计数器和译码器配合可以组成脉冲分配器。

（5）组成分频器。分频器可以逐次降低信号的频率。利用计数器可以直接构成分频器，二进制或十进制计数器均可。对于二进制计数器而言，$n$ 位二进制计数器可以实现 $n$ 次 2 分频，即分频器的输出频率是输入频率的 $\dfrac{1}{2^n}$。对于十进制计数器而言，$n$ 位十进制计数器可以实现 $n$ 次 10 分频，即分频器的输出频率是输入频率的 $\dfrac{1}{10^n}$。

### 2. 寄存器

寄存器是能够存储二进制信息的时序电路。寄存器分为并行寄存器和移位寄存器。寄存器的基本组成单元是触发器，而且 D 触发器最为方便。

并行寄存器只能存储数码。移位寄存器除寄存数码外，还可以使数码在时钟脉冲的控制下左右移动。寄存器的主要用途有：实现数据的寄存和串-并转换，构成移位型计数器，构成脉冲分配器等。

## 6.3　难点释疑

1. 如何正确识读集成计数器芯片资料？

**答：**对于集成计数器，重点是学习如何使用集成计数器芯片。这就需要培养"读表能力"和"读图能力"，通过阅读芯片说明、产品手册等资料，了解其逻辑功能，掌握引脚要求和使用方法，从而正确使用计数器芯片。具体来说，主要包括以下几方面。

（1）在芯片封装图上，了解集成计数器的封装方式和引脚排列，并且根据引脚编号，能够初步了解各引脚的基本功能。

（2）在功能表中，重点关注实现逻辑功能的输入、输出区分，掌握控制引脚的有效方式以及时钟信号的有效触发方式。对于计数器，重点关注的功能包括：芯片清零、置数功能的实现方法，正常计数的工作点、控制方法和计数规律，计数器保持状态的条件，输出进位/借位的有效方式以及不同逻辑功能的优先级别。

（3）在时序图中，能够结合逻辑功能判断工作方式，正确理解输入、输出的状态，尤其在功能表不能完全体现的细节方面，通过仔细阅读时序图，能够全面理解计数器的工作过程，进而掌握芯片使用方法。

2. 如何正确理解清零法和预置数法的差异，同步方式和异步方式的区别，从而正确选择方法实现任意计数器的设计？

**答：**清零法和预置数法的差异在于所设计计数器的有效状态的起点不同。清零法或预置数法的同步方式和异步方式的区别在于清零或预置数控制信号的处理。同步方式由最后一个有效状态生成控制信号，而异步方式由最后一个有效状态的下一个状态生成控制信号。

实际应用中，要求组成任意 $N$ 进制计数器，首先判断是否需要进行级联扩展，然后根据芯片功能选择清零或预置数方法实现。同时，如果芯片提供了输出进位/借位端，还可以在使用预置数法时加以利用,使得设计方案更加简便。

## 6.4 重点剖析

【例 6.1】 时序逻辑电路如例图 6.1-1 所示,试分析其逻辑功能。

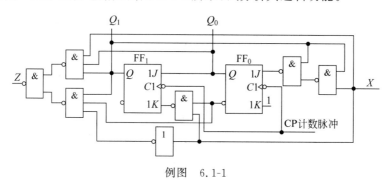

例图 6.1-1

**解**:该电路为同步时序逻辑电路。

(1)写出逻辑方程式。

输出方程:$Z = \overline{\overline{XQ_1^n Q_0^n} \cdot \overline{\overline{X}Q_1^n \overline{Q}_0^n}} = XQ_1^n Q_0^n + \overline{X}Q_1^n \overline{Q}_0^n$

驱动方程:$J_0 = \overline{\overline{XQ_1^n} \cdot Q_1^n} = XQ_1^n + \overline{Q}_1^n \quad K_0 = 1$

$J_1 = Q_0^n \quad K_1 = \overline{X\overline{Q}_0^n}$

(2)将驱动方程代入 JK 触发器的特性方程 $Q^{n+1} = J\overline{Q}^n + \overline{K}Q^n$,得次态方程:

$$Q_0^{n+1} = (XQ_1^n + \overline{Q}_1^n)\overline{Q}_0^n \quad Q_1^{n+1} = Q_0^n \overline{Q}_1^n + X\overline{Q}_0^n Q_1^n$$

当 $X=0$ 时:$Q_0^{n+1} = \overline{Q}_1^n \overline{Q}_0^n \quad Q_1^{n+1} = Q_0^n \overline{Q}_1^n \quad Z = Q_1^n \overline{Q}_0^n$

当 $X=1$ 时:$Q_0^{n+1} = \overline{Q}_0^n \quad Q_1^{n+1} = Q_0^n \oplus Q_1^n \quad Z = Q_1^n Q_0^n$

(3)列出状态表如例表 6.1 所示。

(4)画出状态图及波形图如例图 6.1-2 所示。

例表 6.1

| 现 态 | | 次态及输出 | | | | | |
|---|---|---|---|---|---|---|---|
| | | $X=0$ | | | $X=1$ | | |
| $Q_1^n$ | $Q_0^n$ | $Q_1^{n+1}$ | $Q_0^{n+1}$ | $Z$ | $Q_1^{n+1}$ | $Q_0^{n+1}$ | $Z$ |
| 0 | 0 | 0 | 1 | 0 | 0 | 1 | 0 |
| 0 | 1 | 1 | 0 | 0 | 1 | 0 | 0 |
| 1 | 0 | 0 | 0 | 1 | 1 | 1 | 0 |
| 1 | 1 | 0 | 0 | 0 | 0 | 0 | 1 |

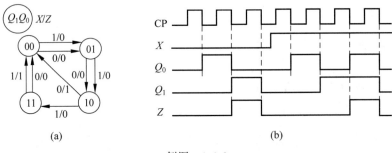

例图　6.1-2

（5）逻辑功能分析。

由以上分析可见：当 $X=0$ 时，该电路按照加 1 规律从 00→01→10→00 循环变化，每当转换为 10 状态（最大数）时，输出 $Z=1$，确定为同步三进制加法计数功能，此计数器有一个无效状态 11，在 CP 脉冲的作用下，可自动回到 00。当 $X=1$ 时，按照加 1 规律从 00→01→10→11→00 循环变化，并每当转换为 11 状态（最大数）时，输出 $Z=1$，确定为同步四进制加法计数功能。所以该电路是一个可控的计数器，其中 $Z$ 是进位输出端。

【例 6.2】　时序逻辑电路如例图 6.2-1 所示，画出电路的状态转换图，并说明电路的逻辑功能。

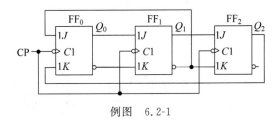

例图　6.2-1

**解：**

（1）该电路为同步时序逻辑电路，写出驱动方程。

$J_0=\overline{Q_1^n}$，$K_0=Q_2^n$；

$J_1=Q_0^n$，$K_1=\overline{Q_0^n}$；

$J_2=Q_1^n$，$K_2=\overline{Q_1^n}$。

（2）将驱动方程代入触发器的特性方程，写出状态方程。

$Q_0^{n+1}=\overline{Q_1^n}\,\overline{Q_0^n}+\overline{Q_2^n}Q_0^n$；

$Q_1^{n+1}=Q_0^n$；

$Q_2^{n+1}=Q_1^n$。

（3）求出状态转换表（例表 6.2）和状态转换图（例图 6.2-2）。

**例表 6.2**

| $Q_2^n$ | $Q_1^n$ | $Q_0^n$ | $Q_2^{n+1}$ | $Q_1^{n+1}$ | $Q_0^{n+1}$ |
|---|---|---|---|---|---|
| 0 | 0 | 0 | 0 | 0 | 1 |
| 0 | 0 | 1 | 0 | 1 | 1 |
| 0 | 1 | 1 | 1 | 1 | 1 |
| 1 | 1 | 1 | 1 | 1 | 0 |
| 1 | 1 | 0 | 1 | 0 | 0 |
| 1 | 0 | 0 | 0 | 0 | 1 |
| 1 | 0 | 1 | 0 | 0 | 1 |
| 1 | 0 | 1 | 0 | 1 | 0 |

（4）说明电路功能。

该电路的有效循环中有 5 个独立状态，是具有自启动能力的同步五进制计数器。

\* **特别提示**：本题的有效状态为非顺次的，也就是说计数状态没有一定的规律可循。因此，在状态转移过程中，需要一步一步追踪，直至找到有效循环状态。

【**例 6.3**】 计数电路如例图 6.3-1 所示，分析其工作过程，并指出计数器模的范围。

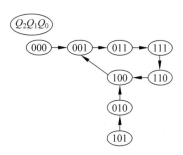

例图 6.2-2

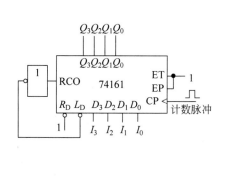

(a)

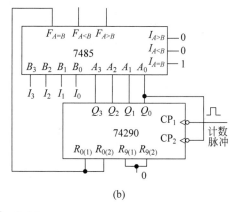

(b)

例图 6.3-1

**解**：在例图 6.3-1(a)中：74161 为 4 位二进制加法计数器，具有同步预置数功能。它的进位输出端 RCO 在计数状态 1111 时，输出高电平。现采用同步预置数法构成任意进制计数器。该计数器中，$I_3 I_2 I_1 I_0$ 是计数的初始状态，当计数至 1111 时，利用 RCO 端产生反馈置数信号，强迫计数器回到初始状态，完成一次循环计数。此电路可以实现模 16 以内的任意进制的计数功能。其模 $M$ 与初始状态的关系：$M = 16 - S$（$S$ 为 $I_3 I_2 I_1 I_0$ 对应的十进制数）。

如：$I_3 I_2 I_1 I_0 = 0100$，$M = 16 - 4 = 12$。状态转换图如例图 6.3-2(a)所示。

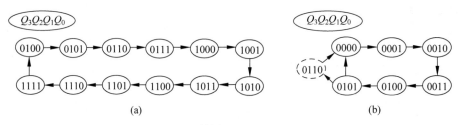

例图　6.3-2

在例图 6.3-1(b)中：74290 是二-五-十进制异步加法计数器,具有异步清零功能。74290 的 $Q_0$ 与 $CP_2$ 相连,则构成十进制加法计数器。

7485 是 4 位数值比较器,当数值比较输入信号 $A_3A_2A_1A_0 = B_3B_2B_1B_0$ 时,输出 $F_{A=B}=1$。

电路中将 74290 的输出 $Q_3Q_2Q_1Q_0$ 送入 7485 的 $A_3A_2A_1A_0$,预置数值 $I_3I_2I_1I_0$ 送入 $B_3B_2B_1B_0$,7485 的 $F_{A=B}$ 反馈至 74290 的清零端。当计数器递增计数至 $Q_3Q_2Q_1Q_0=I_3I_2I_1I_0$ 时,$F_{A=B}=1$,立即使计数器清零,完成一次循环计数。此电路可以实现模 10 以内的任意进制的计数功能。计数器的模等于 $M$（$M$ 为 $I_3I_2I_1I_0$ 对应的十进制数）。如：当 $I_3I_2I_1I_0=0110$ 时,对应完成六进制计数功能。状态转换图如例图 6.3-2 (b)所示。

**【例 6.4】** 4 位二进制加/减、8421 码十进制加/减计数器 CC4029 的功能表如例表 6.4 所示。试用 CC4029 及逻辑门设计下列电路。

（1）六进制加法计数器(初始状态 0000)。

（2）六进制加法计数器(初始状态 0011)。

（3）二十四进制加法计数器。

（4）六进制减法计数器。

**例表　6.4**

| 预置控制 | 进位输入 | 进制 | 加减 | 时钟 | 置数输入 | | | | 输出状态 | | | |
|---|---|---|---|---|---|---|---|---|---|---|---|---|
| PE | CI | $B/D$ | $U/D$ | CP | $J_3$ | $J_2$ | $J_1$ | $J_0$ | $Q_3$ | $Q_2$ | $Q_1$ | $Q_0$ |
| 1 | × | × | × | × | $d_3$ | $d_2$ | $d_1$ | $d_0$ | $d_3$ | $d_2$ | $d_1$ | $d_0$ |
| 0 | 1 | × | × | × | × | × | × | × | 保持原态 | | | |
| 0 | 0 | 0 | 0 | ↑ | × | × | × | × | 十进制减法计数 | | | |
| 0 | 0 | 0 | 1 | ↑ | × | × | × | × | 十进制加法计数 | | | |
| 0 | 0 | 1 | 0 | ↑ | × | × | × | × | 二进制(模 16)减法计数 | | | |
| 0 | 0 | 1 | 1 | ↑ | × | × | × | × | 二进制(模 16)加法计数 | | | |

**注**：进位输出端 CO：二进制加法计数时：$CO=\overline{Q_3Q_2Q_1Q_0}$

十进制加法计数时：$CO=\overline{Q_3Q_0}$

二进制、十进制减法计数时：$CO=Q_3+Q_2+Q_1+Q_0$

**解**：（1）六进制加法计数器(初始状态 0000)

由功能表知,CC4029 具有异步预置数功能,高电平有效。可以利用异步预置数法构成该计数器:CC4029 设定为模 16(或模 10)加法计数,初始状态 0000 送入 $J_3 \sim J_0$,利用状态 0110 反馈置数($Q_2Q_1$ 经与门连接至置数控制端 PE),当出现 0110 时,PE＝1,立即使计数器回到 0000。由于计数器异步置数,所以状态 0110 一闪即逝,不作为有效状态。计数电路及状态图如例图 6.4-1 所示。

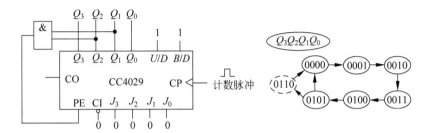

例图　6.4-1

（2）六进制加法计数器（初始状态 0011）

方法 1:利用异步预置数法构成该计数器:CC4029 设定为模 16(或模 10)加法计数,初始状态 0011 送入 $J_3 \sim J_0$,利用状态 1001 反馈置数($Q_3Q_0$ 经与门连接至置数控制端 PE),当出现 1001 时,PE＝1,立即使计数器回到 0011。状态 1001 不作为有效状态。计数电路及状态图如例图 6.4-2 所示。

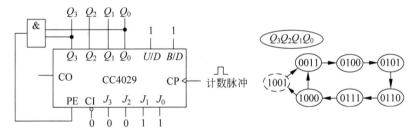

例图　6.4-2

方法 2:CC4029 设定为模 10 加法计数,当出现状态 1001 时,CO 端出现进位信号 0,利用它反馈置数,计数电路如例图 6.4-3 所示,状态图同例图 6.4-2。

（3）二十四进制加法计数器

方法 1:用两片模 10 计数器组成:由于 24 已超过 10 而小于 $10 \times 10$,所以可选用两片 CC4029。两片设定为模 10 加法计数,之间采用同步级联方式扩展为模 $10 \times 10$ 的计数器。设初始状态为 0,则两片的 $J_3 \sim J_0$ 均为 0000。要构成二十四进制计数器,则利用状态 24(0010,0100)反馈置 0。24 不作为有效状态,计数器在状态 00(0000,0000)到 23(0010,0011)之间循环。注意,此计数器的输出状态是以 8421 码的形式表达的。

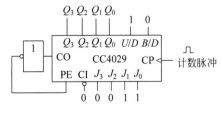

例图　6.4-3

计数电路如例图 6.4-4 所示。

方法 2：用两片模 16 计数器组成：由于 24 已超过 16 而小于 $16 \times 16$，所以可选用两片 CC4029。两片设定为模 16 加法计数，之间采用异步级联方式扩展为模 $16 \times 16$ 的计数器。设初始状态为 0，则两片的 $J_3 \sim J_0$ 均为 0000。要构成二十四进制计数器，则利用状态 24(00011000) 反馈置 0。24 不作为有效状态，计数器在状态 00000000~00010111 循环。注意，此计数器的输出状态是自然二进制数的形式。计数电路如例图 6.4-5 所示。

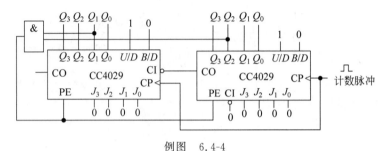

例图 6.4-4

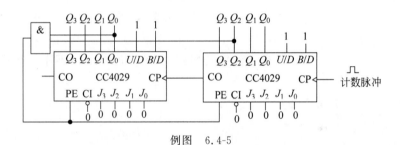

例图 6.4-5

（4）六进制减法计数器

减法计数器的初始状态可以选计数状态中的最大数。要构成六进制计数器，则初始状态为 0110，然后在计数脉冲作用下使状态逐次递减，减到最小数 0000 时，通过反馈置数使计数器回到初始状态。状态 0000 只用来产生置数信号，不是有效状态。六进制减法计数器的电路及状态图如例图 6.4-6 所示。

此计数器的反馈置数信号也可来自 CO 端，具体如何实施？请读者思考。

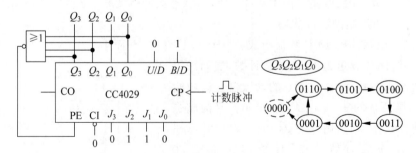

例图 6.4-6

　**\*特别提示**：（1）利用集成计数器可以构成任意进制的加法计数器。在设计过程中,要注意以下几个不同点:

　① 模 10 和模 16 计数器的不同:

　若用模 10 计数器构成任意进制计数器时,其输出状态是 8421BCD 码,如:"24"应表达为（0010,0100）。当计数器的模小于 10 时,用一片集成电路即可,当计数器的模大于10 时,需用多片集成电路完成。多片集成电路之间的进位关系是逢十进一。

　若用模 16 计数器构成任意进制计数器时,其输出状态是自然二进制数码,如:"24"应表达为（11000）;当计数器的模小于 16 时,用一片集成电路即可,当计数器的模大于16 时,需用多片集成电路完成。多片集成电路之间的进位关系是逢十六进一。

　② 清零端和预置数端的不同:

　清零端只可用来反馈清零,需将反馈清零信号反馈至清零端。这样构成的计数器初始状态一定是 0000。

　预置数端可以用来反馈置数,需将反馈置数信号反馈至预置数控制端,而预置数输入端放计数的初始值。这样构成的计数器,初始状态可以任意,当然包含 0000。

　③ 清零功能和预置数功能是同步或异步方式的不同:

　异步清零功能:构成 $M$ 进制的计数器,要用状态 $M$ 反馈清零。状态 $M$ 一闪即逝,不作为有效状态。

　同步清零功能:构成 $M$ 进制的计数器,要用状态 $M-1$ 反馈清零。状态 $M-1$ 可以停留一个 CP 脉冲周期,作为有效状态。

　异步预置数功能:构成 $M$ 进制的计数器,要用状态 $S+M$ 反馈置数（$S$ 指计数器的初始状态对应的十进制数）。状态 $S+M$ 一闪即逝,不作为有效状态。

　同步预置数功能:构成 $M$ 进制的计数器,要用状态 $(S+M)-1$ 反馈置数。状态 $(S+M)-1$ 可以停留一个 CP 脉冲周期,作为有效状态。

　（2）利用集成计数器也可以构成任意进制的减法计数器。与加法不同的是:

　只能采用具有减法功能和预置数功能的计数器完成。减法计数器的初始状态应为计数状态中的最大数,如:构成七进制计数器,则初始状态可为 0111,然后在计数脉冲作用下逐次递减,完成一次循环时,可通过反馈置数使计数器回到初始状态。

## 6.5　同步自测

### 6.5.1　同步自测题

**一、填空题**

1. 时序逻辑电路与组合逻辑电路相比,存在的差别是_____。

2. 1 位 8421BCD 计数器,至少需要_____个触发器。

3. 使用两片中规模集成十进制计数器,可以获得计数器的模的最大值为_____。

4. 设集成十进制减法计数器的初始状态为 $Q_3Q_2Q_1Q_0 = 1000$，则经过 5 个 CP 脉冲后计数器的状态 $Q_3Q_2Q_1Q_0 = $ _____。

5. 由 $N$ 位移位寄存器构成扭环形计数器，其模为 _____。

## 二、选择题

1. 下列电路中，不是时序逻辑电路的是( )。

    A. 触发器        B. 计数器        C. 移位寄存器    D. 译码器

2. 同步时序逻辑电路与异步时序逻辑电路的不同之处在于后者( )。

    A. 没有触发器                B. 没有稳定状态

    C. 没有统一的时钟脉冲控制    D. 输出只与内部状态有关

3. 一个 5 位的二进制加计数器，由 00000 状态开始，经过 75 个时钟脉冲后，此计数器的状态为( )。

    A. 01011        B. 01100        C. 01010        D. 00111

4. 图 6.5.1 所示为某计数器的时序图，由此可判定该计数器为( )。

    A. 十进制计数器                B. 九进制计数器

    C. 四进制计数器                D. 八进制计数器

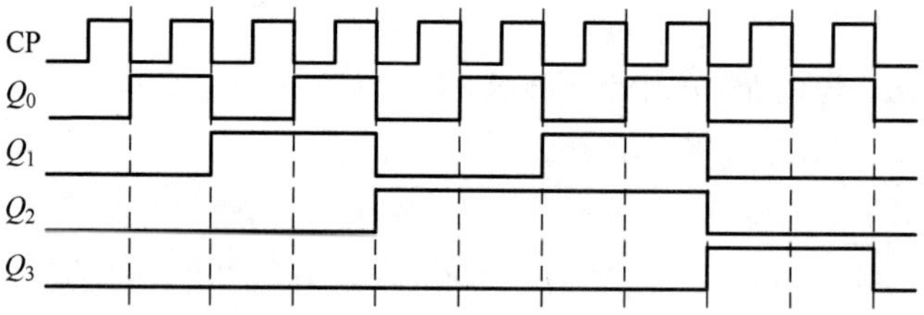

图 6.5.1

5. 用计数器产生 000101 序列信号，至少需要触发器的个数为( )。

    A. 2        B. 3        C. 4        D. 5

6. 现欲将一个数据串延时 4 个 CP 的时间，则最简单的办法采用( )。

    A. 4 位并行数码寄存器        B. 4 位移位寄存器

    C. 4 进制计数器              D. 4 位加法器

7. 一个 4 位串行数据，输入 4 位移位寄存器，时钟脉冲频率为 1kHz，经过( )可转换为 4 位并行数据输出。

    A. 8ms        B. 4ms        C. 8μs        D. 4μs

8. 欲把并行数据转换成串行数据，可用( )。

    A. 计数器        B. 分频器        C. 移位寄存器    D. 数码寄存器

9. 想把一个频率 $f = 256\text{Hz}$ 的方波信号分频成 $f = 1\text{Hz}$ 的信号，可用( )。

    A. 8421 码十进制计数器        B. 5 位二进制计数器

    C. 同步十进制计数器        D. 8 位二进制计数器

10. 由 4 位寄存器构成的环形和扭环形计数器的模依次为( )。

    A. 4 和 8        B. 6 和 3        C. 8 和 4        D. 3 和 6

三、分析设计题

1. 由 JK 触发器组成的时序逻辑电路如图 6.5.2 所示,设电路的初始状态为 000,试求:

(1) 写出电路的驱动方程。

(2) 求出电路的状态方程。

(3) 写出该电路的状态转换表。

(4) 画出该电路的状态转换图,并描述该电路的功能。

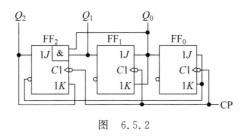

图 6.5.2

2. 集成十进制计数器 74160 的功能表(表 6.5.1)和引脚示意图(图 6.5.3)如下,请分别使用清零和置数功能将 74160 构成九进制计数器。

表 6.5.1 74160 功能表

| 清零 | 预置 | 使能 | | 时钟 | 输出 | | | | 工作模式 |
|---|---|---|---|---|---|---|---|---|---|
| $R_D$ | $L_D$ | EP | ET | CP | $Q_3$ | $Q_2$ | $Q_1$ | $Q_0$ | |
| 0 | X | X | X | X | 0 | 0 | 0 | 0 | 异步清零 |
| 1 | 0 | X | X | ↑ | $D_3$ | $D_2$ | $D_1$ | $D_0$ | 同步置数 |
| 1 | 1 | 0 | X | X | 保 | 持 | | | 数据保持 |
| 1 | 1 | X | 0 | X | 保 | 持 | | | 数据保持 |
| 1 | 1 | 1 | 1 | ↑ | 计 | 数 | | | 加法计数 |

3. 已知 CD4020 是 14 位二进制加法计数器,逻辑符号如图 6.5.4(a)所示。其中 CP 是计数器的计数脉冲;$R$ 是计数器的异步清零端,高电平有效;$Q_{13} \cdots Q_1 Q_0$ 是计数器的输出端,$Q_{13}$ 是最高位,$Q_0$ 是最低位。

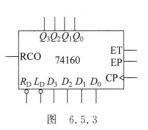

图 6.5.3

(1) 现有频率为 256Hz 的 TTL 方波信号,若得到 1Hz 的方波脉冲,试画出利用 CD4020 实现的逻辑图。

(2) 将分频后所得的 1Hz 方波信号作为时钟脉冲,试采用 CD4020、8 选 1 数据选择器 74LS151(逻辑符号如图 6.5.4(b)所示)和必要的逻辑门电路设计一个 LED 灯控制电路,要求 LED 灯的循环过程是"亮 2 秒,灭 2 秒,亮 3 秒,灭 3 秒"。已知 74LS151 输出高电平可直接驱动点亮 LED,请写出设计过程,画出逻辑图。

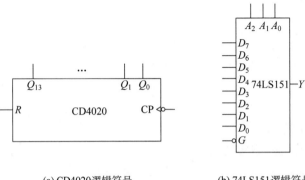

(a) CD4020逻辑符号          (b) 74LS151逻辑符号

图 6.5.4

## 6.5.2 同步自测题参考答案

**一、填空题**

1. 具有记忆单元电路和反馈回路    2. 4    3. 100    4. 0011    5. $2N$

**二、选择题**

1～5  D、C、A、A、B  6～10  B、B、C、D、A

**三、分析设计题**

1. **解**：（1）写出驱动方程。

$J_0 = \bar{Q}_2^n, K_0 = \bar{Q}_2^n$；

$J_1 = Q_0^n, K_1 = Q_0^n$；

$J_2 = Q_0^n Q_1^n, K_2 = Q_2^n$。

（2）写出状态方程。

$Q_0^{n+1} = \bar{Q}_2^n \bar{Q}_0^n + Q_2^n Q_0^n, Q_1^{n+1} = Q_0^n \bar{Q}_1^n + \bar{Q}_0^n Q_1^n, Q_2^{n+1} = Q_0^n Q_1^n \bar{Q}_2^n$

（3）列出状态转换表（表 6.5.2）。

表 6.5.2  状态转换表

| $Q_2^n$ | $Q_1^n$ | $Q_0^n$ | $Q_2^{n+1}$ | $Q_1^{n+1}$ | $Q_0^{n+1}$ |
|---|---|---|---|---|---|
| 0 | 0 | 0 | 0 | 0 | 1 |
| 0 | 0 | 1 | 0 | 1 | 0 |
| 0 | 1 | 0 | 0 | 1 | 1 |
| 0 | 1 | 1 | 1 | 0 | 0 |
| 1 | 0 | 0 | 0 | 0 | 0 |

续表

| $Q_2^n$ | $Q_1^n$ | $Q_0^n$ | $Q_2^{n+1}$ | $Q_1^{n+1}$ | $Q_0^{n+1}$ |
|---|---|---|---|---|---|
| 1 | 0 | 1 | 0 | 1 | 1 |
| 1 | 1 | 0 | 0 | 1 | 0 |
| 1 | 1 | 1 | 0 | 0 | 1 |

（4）画出状态转换图（图 6.5.5），并描述该电路的功能。

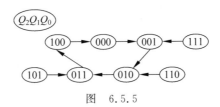

图 6.5.5

由状态转换图（图 6.5.5）可以看出，该电路为具有自启动能力的同步五进制加法计数器。

2. 略。

3. **解**：（1）因为 $256=2^8$，所以从计数器 CD4020 的 $Q_7$ 端可分频获得 1Hz 的方波信号，如图 6.5.6 所示。

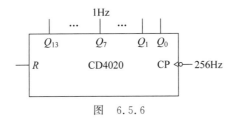

图 6.5.6

（2）根据题意，要求 LED 灯的循环过程是"亮 2 秒，灭 2 秒，亮 3 秒，灭 3 秒"，因此需设计一个十进制计数器。已知 $R$ 是计数器的异步清零端，高电平有效，因此应选择异步清零法，将 $Q_3$ 和 $Q_1$ 经过与门之后接到 $R$ 端，可以实现十进制计数器。

74LS151 的输出端 $Y$ 直接驱动 LED 灯，$Y=1$ 时，LED 灯亮，$Y=0$ 时，LED 灯灭，可列出 $Y$ 与 $Q_3$、$Q_2$、$Q_1$、$Q_0$ 的真值表如表 6.5.3 所示（省略无关项）。将 $Q_2$、$Q_1$、$Q_0$ 作为 74LS151 的地址输入 $A_2$、$A_1$、$A_0$，由真值表可获得 74LS151 的输入数据 $D$（$D_0 \sim D_7$）的值如表 6.5.3 所示。

表 6.5.3 真值表

| $Q_3$ | $Q_2$ | $Q_1$ | $Q_0$ | $Y$ | $D$ |
|---|---|---|---|---|---|
| 0 | 0 | 0 | 0 | 1 | $D_0=\overline{Q_3}$ |
| 0 | 0 | 0 | 1 | 1 | $D_1=\overline{Q_3}$ |
| 0 | 0 | 1 | 0 | 0 | $D_2=0$ |
| 0 | 0 | 1 | 1 | 0 | $D_3=0$ |
| 0 | 1 | 0 | 0 | 1 | $D_4=1$ |

续表

| $Q_3$ | $Q_2$ | $Q_1$ | $Q_0$ | $Y$ | $D$ |
|---|---|---|---|---|---|
| 0 | 1 | 0 | 1 | 1 | $D_5=1$ |
| 0 | 1 | 1 | 0 | 1 | $D_6=1$ |
| 0 | 1 | 1 | 1 | 0 | $D_7=0$ |
| 1 | 0 | 0 | 0 | 0 | $D_0=\overline{Q}_3$ |
| 1 | 0 | 0 | 1 | 0 | $D_0=\overline{Q}_3$ |

综上所述,可设计电路如图 6.5.7 所示。

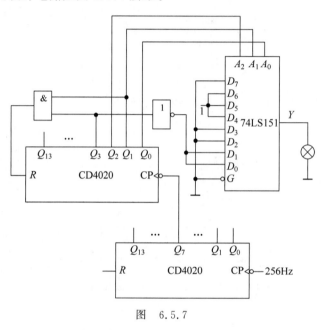

图 6.5.7

## 6.6 习题解答

6.1 (3)下跳沿触发的 JK 触发器,(4)上升沿触发的 D 触发器,具有边沿触发功能的触发器能组成计数器和移位寄存器。

6.2 状态表如解表 6.2 所示。状态图和波形图如解图 6.2 所示。该电路是一个可控的四进制计数器,其中 $Z$ 是进位信号。

**解表 6.2**

| 状态 | | | | | | | |
|---|---|---|---|---|---|---|---|
| | | multi | | | | | |

| 状态 | | $X$ | | | | | |
|---|---|---|---|---|---|---|---|
| | | 0 | | | 1 | | |
| $Q_1^n$ | $Q_0^n$ | $Q_1^{n+1}$ | $Q_0^{n+1}$ | $Z$ | $Q_1^{n+1}$ | $Q_0^{n+1}$ | $Z$ |
| 0 | 0 | 0 | 1 | 0 | 1 | 1 | 0 |

续表

| 状态 | | $X$ | | | | | |
|---|---|---|---|---|---|---|---|
| | | 0 | | | 1 | | |
| $Q_1^n$ | $Q_0^n$ | $Q_1^{n+1}$ | $Q_0^{n+1}$ | $Z$ | $Q_1^{n+1}$ | $Q_0^{n+1}$ | $Z$ |
| 0 | 1 | 1 | 0 | 0 | 0 | 0 | 0 |
| 1 | 0 | 1 | 1 | 0 | 0 | 1 | 0 |
| 1 | 1 | 0 | 0 | 1 | 1 | 0 | 1 |

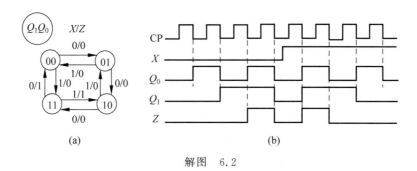

解图 6.2

6.3 状态表如解表 6.3 所示。状态图和波形图如解图 6.3 所示。该电路是一个三进制计数器,其中 $Z$ 是进位信号。

**解表 6.3**

| $Q_1^n$ | $Q_0^n$ | $Q_1^{n+1}$ | $Q_0^{n+1}$ |
|---|---|---|---|
| 0 | 0 | 0 | 1 |
| 0 | 1 | 1 | 0 |
| 1 | 0 | 0 | 0 |

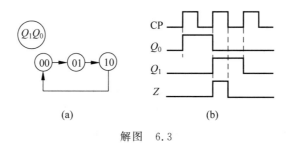

解图 6.3

6.4 由输出波形图可知,计数器的输出共有 000、001、100、011、101、010 六个状态,因此计数器的模 $M=6$。

6.5 逻辑图如解图 6.5 所示。

6.6 逻辑图如解图 6.6 所示。

6.7 逻辑图如解图 6.7 所示。

6.8 同步三进制计数器(驱动方程、状态方程、状态转换真值表、状态图略)。

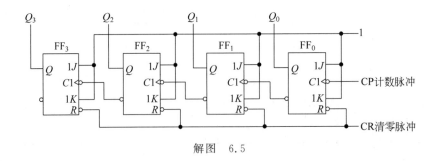

解图　6.5

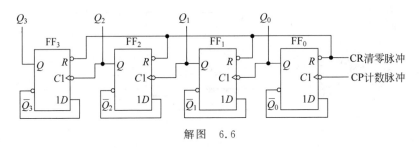

解图　6.6

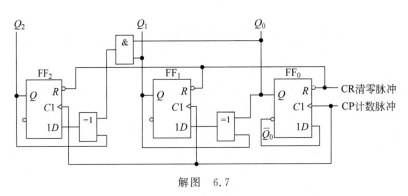

解图　6.7

6.9　同步五进制计数器(驱动方程、状态方程、状态转换真值表、状态图略)。

6.10　同步七进制计数器(驱动方程、状态方程、状态转换真值表、状态图、时序波形图略)。

6.11　状态图如解图 6.11 所示。该电路为九进制计数器。

6.12　状态图如解图 6.12 所示。该电路为九进制计数器。

6.13　状态图如解图 6.13 所示。该电路为八进制计数器。

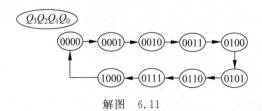

解图　6.11

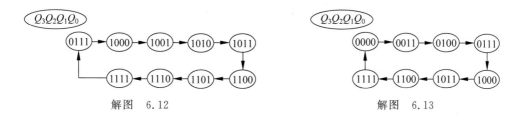

解图　6.12　　　　　　　　　　　　解图　6.13

6.14　六十进制计数器(状态图略)。

6.15　(1)十进制计数器如解图 6.15(a)所示。(2)二十进制计数器如解图 6.15(b)所示。

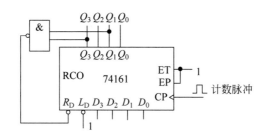

(a)

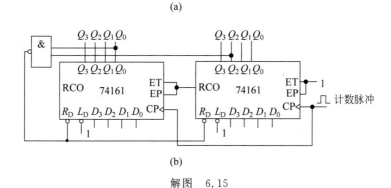

(b)

解图　6.15

6.16　(1)九进制计数器如解图 6.16(a)所示,初始状态为 0000。(状态图略)

(2)十二进制计数器如解图 6.16(b)所示,初始状态为 0100。(状态图略)

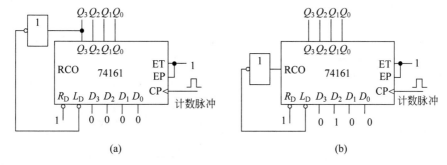

(a)　　　　　　　　　　　　　(b)

解图　6.16

6.17　（1）利用 74290 的异步清零功能实现的七进制计数器如解图 6.17(a)所示。

（2）利用 74163 的同步清零功能实现的七进制计数器如解图 6.17(b)所示。

（3）利用 74161 的同步置数功能实现的七进制计数器如解图 6.17(c)所示。

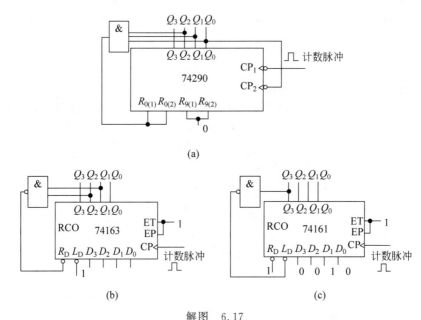

解图　6.17

6.18　（1）利用 74290 的异步清零功能实现的八十二进制计数器如解图 6.18(a)所示。

（2）利用 74160 的异步清零功能实现的八十二进制计数器如解图 6.18(b)所示。

（3）利用 74160 的同步置数功能实现的八十二进制计数器如解图 6.18(c)所示。

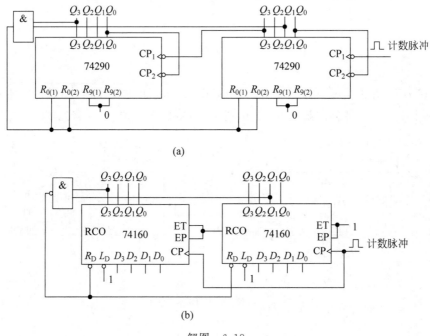

解图　6.18

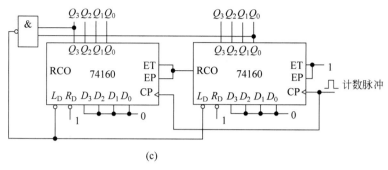

(c)

解图 6.18(续)

6.19 同步七进制加法计数器的驱动方程及输出方程：$J_0 = \overline{Q_2^n Q_1^n}$，$K_0 = 1$；

$J_1 = Q_0^n$，$K_1 = \overline{\overline{Q_2^n} \overline{Q_0^n}}$；$J_2 = Q_1^n Q_0^n$，$K_2 = Q_1^n$；$Y = Q_2^n Q_1^n$。依照上述方程可画出该计数器（电路图略）。电路能自启动。

6.20 同步十二进制计数器的驱动方程及输出方程：$J_0 = 1$，$K_0 = 1$；$J_1 = Q_0^n$，$K_1 = Q_0^n$；$J_2 = \overline{Q_3^n} Q_1^n Q_0^n$，$K_2 = Q_1^n Q_0^n$；$J_3 = Q_2^n Q_1^n Q_0^n$，$K_3 = Q_1^n Q_0^n$；$Y = Q_3^n Q_1^n Q_0^n$。依照上述方程可画出该计数器（电路图略）。电路能自启动。

6.21 四进制同步计数器的驱动方程及输出方程：$D_1 = Q_1^n \oplus Q_0^n$；$D_0 = \overline{Q_0^n}$；$Y = Q_0^n Q_1^n$。依照上述方程可画出该计数器（电路图略）。

6.22 同步十进制计数器的驱动方程及输出方程：$D_3 = Q_3^n \overline{Q_1^n} \overline{Q_0^n} + Q_2^n Q_1^n Q_0^n$；$D_2 = \overline{Q_2^n} Q_1^n Q_0^n + Q_2^n \overline{Q_1^n} + Q_2^n \overline{Q_0^n}$；$D_1 = Q_1^n \overline{Q_0^n} + \overline{Q_3^n} \overline{Q_1^n} Q_0^n$；$D_0 = \overline{Q_0^n}$；$Y = Q_3^n Q_0^n$。依照上述方程可画出该计数器（电路图略）。能自启动。

6.23 可由三个 JK 触发器构成五进制计数器，由计数器的 $Q_2$ 端输出序列脉冲。脉冲序列产生器的逻辑电路如解图 6.23 所示。计数器的状态安排如解表 6.23 所示。

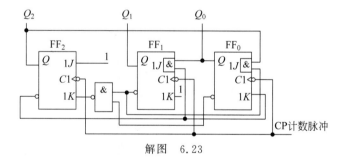

解图 6.23

**解表 6.23**

| CP | $Q_2$ | $Q_1$ | $Q_0$ |
|---|---|---|---|
| 0 | 1 | 0 | 0 |
| 1 | 1 | 0 | 1 |
| 2 | 0 | 0 | 1 |
| 3 | 1 | 1 | 0 |
| 4 | 0 | 0 | 0 |

6.24 （1）3位环形计数器见解图 6.24(a)。（2）5位环形计数器见解图 6.24(b)。
（3）5位扭环形计数器见解图 6.24(c)。

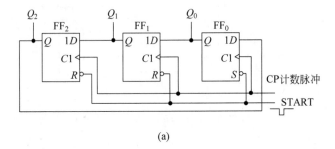

(a)

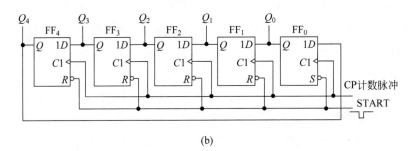

(b)

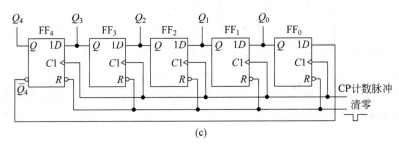

(c)

解图 6.24

## 6.7 自评与反思

# 第 7 章

## 脉冲单元电路

本章主要学习如何使用 555 定时器实现脉冲产生与整形电路。首先学习 555 定时器的内部结构、工作原理和功能,然后重点学习由 555 定时器构成施密特触发器、多谐振荡器、单稳态触发器的工作原理、特性及主要参数等,并简要介绍了常用的由石英晶体组成的多谐振荡器。

## 7.1 学习要求

本章各知识点的学习要求如表 7.1.1 所示。

表 7.1.1　第 7 章学习要求

| 知　识　点 | | 学　习　要　求 | | |
|---|---|---|---|---|
| | | 熟练掌握 | 正确理解 | 一般了解 |
| 脉冲信号 | 脉冲信号的概念 | | | √ |
| | 矩形脉冲信号的参数 | | √ | |
| 555 定时器的内部结构与功能 | 555 定时器的内部结构 | | √ | |
| | 555 定时器的功能 | | √ | |
| 施密特触发器 | 电路组成及工作原理 | | √ | |
| | 电压传输特性与主要参数 | √ | | |
| | 集成施密特触发器 | | | √ |
| | 施密特触发器的应用 | √ | | |
| 多谐振荡器 | 电路组成及工作原理 | | √ | |
| | 主要参数计算方法 | √ | | |
| | 石英晶体振荡器 | | | √ |
| | 多谐振荡器的应用 | √ | | |
| 单稳态触发器 | 电路组成及工作原理 | | √ | |
| | 主要参数计算方法 | √ | | |
| | 集成单稳态触发器 | | | √ |
| | 单稳态触发器的应用 | √ | | |

## 7.2 要点归纳

### 7.2.1 脉冲电路的基本概念及分类

脉冲电路是用来产生脉冲信号或对脉冲信号进行整形的电路。常见的脉冲电路有施密特触发器、多谐振荡器、单稳态触发器。

(1) 施密特触发器是一种整形电路,能将边沿缓慢变化的电压波形整形为边沿陡峭的矩形脉冲。它有以下特点:

① 有两个稳定的状态,但没有记忆作用,输出状态需要相应的输入电压来维持。

② 属于电平触发,能对变化缓慢的输入信号作出响应,只要输入信号达到某一额定

值,输出立即发生翻转。

③ 具有回差特性,即电路对正向增长和负向增长的输入信号具有不同的触发电平。这种回差特性使其具有较强的抗干扰能力。

施密特触发器可用于波形变换、脉冲信号整形、脉冲信号的鉴幅等方面。

(2) 多谐振荡器是能产生矩形脉冲波的电路。多谐振荡器没有稳态,只有两个暂稳态,因此又称无稳态电路,常用作脉冲信号源。

(3) 单稳态触发器也是一种整形电路。具有下列特点:

① 它有一个稳定状态和一个暂稳状态;

② 在外来触发脉冲作用下,能够由稳定状态翻转到暂稳状态;

③ 暂稳状态维持一段时间后,将自动返回到稳定状态。暂稳状态维持时间的长短与触发脉冲无关,仅取决于电路本身的参数。这种电路一般用于整形、定时、延时等。

以上脉冲电路可以由门电路构成,也可以由 555 定时器构成。由 555 定时器构成的脉冲电路其带载能力强,功能更加灵活。以 555 定时器构成的脉冲电路为基础,又可以开发出更多方面的应用。如:施密特触发器可以用作各种缓慢变化的物理量的监测电路;多谐振荡器可以用作各种报警电路、门铃电路、电子琴电路等;单稳态触发器可用作触摸定时开关、失落脉冲检出电路等。

### 7.2.2 集成 555 定时器的结构和原理

555 定时器是一种通用的集成电路,其内部结构和电路符号见图 7.2.1。对应的基本功能见表 7.2.1。

根据表 7.2.1 可以将 555 定时器的基本功能概括如下:

复位端(4)优先级最高,低电平有效。不用时将其接高电平,此时,(2)端、(6)端决定输出。其中(6)端与 $\frac{2}{3}V_{CC}$ 进行比较以决定 $R$,当大于比较值时,$R=0$,小于比较值时,$R=1$。

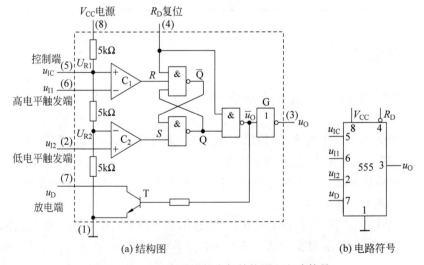

(a) 结构图      (b) 电路符号

图 7.2.1 555 定时器的内部结构图和电路符号

表 7.2.1　555 定时器功能表（控制端开路时）

| 高电平触发端（6） | 低电平触发端（2） | 复位端（4） | 输出端（3） | 放电管 T | 功能 |
|---|---|---|---|---|---|
| $\times$ | $\times$ | 0 | 0 | 导通 | 复位 |
| $<\frac{2}{3}V_{CC}(R=1)$ | $<\frac{1}{3}V_{CC}(S=0)$ | 1 | 1 | 截止 | 置1 |
| $>\frac{2}{3}V_{CC}(R=0)$ | $>\frac{1}{3}V_{CC}(S=1)$ | 1 | 0 | 导通 | 置0 |
| $<\frac{2}{3}V_{CC}(R=1)$ | $>\frac{2}{3}V_{CC}(S=1)$ | 1 | 不变 | 不变 | 保持 |

注：此表体现控制端(5)不接时的工作情况。若(5)端加电压，则影响比较器的比较值 $U_{R1}$ 和 $U_{R2}$ 。

（2）端与 $\frac{1}{3}V_{CC}$ 进行比较以决定 $S$，当大于比较值，$S=1$，小于比较值，$S=0$。同时 $R$，$S$ 又去影响输出。综合起来看：当(6)、(2)端均小于比较值时，$R=1$，$S=0$，输出置 1；当(6)、(2)端均大于比较值时，$R=0$，$S=1$，输出置 0；当(6)端小于比较值，(2)端大于比较值时，$R=1$，$S=1$，输出保持。以上所述可以由图 7.2.2 形象地表达出来。

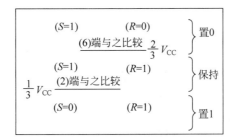

图 7.2.2　555 定时器功能图示

### 7.2.3　由 555 定时器构成的脉冲电路

由 555 定时器可以分别构成施密特触发器、多谐振荡器、单稳态触发器。表 7.2.2 列出了这些电路的结构、工作波形、主要参数。

表 7.2.2　555 定时器构成的脉冲电路

| 名称 | 结构 | 工作波形 | 主要参数 |
|---|---|---|---|
| 施密特触发器 | （电路图） | （波形图） | 上限阈值电压 $U_{T+}=\frac{2}{3}V_{CC}$<br>下限阈值电压 $U_{T-}=\frac{1}{3}V_{CC}$<br>回差电压 $\Delta U_T=U_{T+}-U_{T-}=\frac{1}{3}V_{CC}$ |

续表

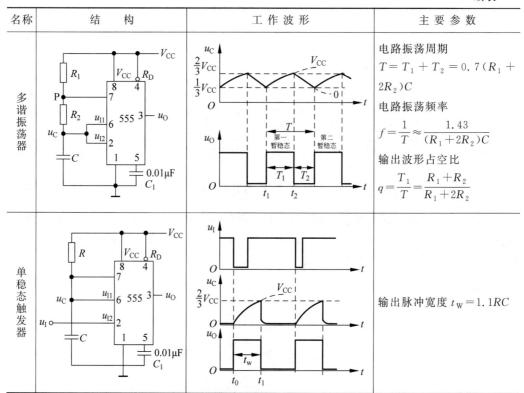

| 名称 | 结　　构 | 工作波形 | 主要参数 |
|---|---|---|---|
| 多谐振荡器 | | | 电路振荡周期 $T=T_1+T_2=0.7(R_1+2R_2)C$ 电路振荡频率 $f=\dfrac{1}{T}\approx\dfrac{1.43}{(R_1+2R_2)C}$ 输出波形占空比 $q=\dfrac{T_1}{T}=\dfrac{R_1+R_2}{R_1+2R_2}$ |
| 单稳态触发器 | | | 输出脉冲宽度 $t_W=1.1RC$ |

注：表中的单稳态触发器也称为不可重复触发的单稳。

## 7.2.4　改进型的脉冲电路

在以上由 555 定时器构成的脉冲电路基础上，可以采取各种改进措施以提高脉冲电路的性能。表 7.2.3 列出了改进型的脉冲电路的结构、工作波形等内容。

表 7.2.3　改进型的脉冲电路

| 结　　构 | 工作波形 | 说　　明 |
|---|---|---|
| 参数可变的施密特触发器 | | 在 555 定时器的控制端（5 脚）外加电压，即可改变 $U_{T+}$、$U_{T-}$ 及 $\Delta U_T$ 的数值。在 555 的放电端（7 脚）通过 $R$ 接电源 $V_{CC2}$，引出输出端 $u'_O$，此端与 $u_I$ 配合同样可以完成施密特触发器的功能，并且其输出高电平可以通过调节 $V_{CC2}$ 而改变 |

续表

| 结　构 | 工作波形 | 说　明 |
|---|---|---|
| <br>占空比可调的多谐振荡器 | | 振荡周期<br>$T=T_1+T_2=0.7(R_1+R_2)C$<br>振荡频率<br>$f=\dfrac{1}{T}\approx\dfrac{1.43}{(R_1+R_2)C}$<br>输出波形占空比<br>$q=\dfrac{T_1}{T}=\dfrac{T_1}{T_1+T_2}=\dfrac{R_1}{R_1+R_2}$<br>调节可变电阻，可以方便地调节占空比 $q$，当 $R_1=R_2$ 时，$q=0.5$ |
| <br>宽脉冲触发的单稳态触发器 | | $R_1$、$C_1$ 组成的微分电路作窄脉冲形成电路，将输入的宽脉冲变换为窄脉冲后再送到 2 端。二极管 D 起保护作用，将 $u_{I2}$ 的上跳值限制在 $V_{CC}+U_D$，以避免过高的电压加入电路的输入端 |
| <br>可重复触发的单稳态触发器 | | 该电路将一个 PNP 型三极管 $T_P$ 并联在电容 $C$ 两端。使电容可以分别通过两个管子放电：一个是 555 定时器内部的放电三极管，另一个是外接的三极管 $T_P$。<br>此电路的工作特点是：在电路被触发进入暂稳态后，如果再次加入触发脉冲，电路将重新被触发，使输出继续维持一个 $t_W$ 宽度，所以称为可重复触发的单稳态触发器 |

## 7.3 难点释疑

1. 由 555 组成的电路,其电压控制端(5 脚)经常通过一个电容接地,该电容的作用是什么?

**答**:在 555 组成的电路中,电压控制端(5 脚)与地之间通常要接一个 $0.01\mu\text{F}$ 的电容,该电容的作用是滤除干扰信号,稳定 $u_{\text{IC}}$ 端的电压。通过分析 555 定时器的内部电路可知,$u_{\text{IC}}$ 直接影响比较器的比较值 $U_{\text{R1}}$ 和 $U_{\text{R2}}$,从而影响由 555 定时器构成的施密特触发器、多谐振荡器、单稳态触发器等电路参数的准确性。因此,在实际应用中,有必要在电压控制端接一个电容,以滤除干扰信号。

2. 由 555 组成的电路,其电压控制端(5 脚)若接一个参考电压 $U_{\text{Ref}}$,会带来什么影响;若接一个 $10\text{k}\Omega$ 的电阻 $R$ 到地,又会有什么影响。

**答**:通过分析 555 定时器的内部电路可知,电压控制端(5 脚)接电压或电阻时,都会直接影响比较器的比较值 $U_{\text{R1}}$ 和 $U_{\text{R2}}$。

(1) 若 555 的电压控制端(5 脚)接一个参考电压 $U_{\text{Ref}}$,如图 7.3.1 所示,此时 $U_{\text{R1}} = U_{\text{Ref}}$,$U_{\text{R2}} = \dfrac{U_{\text{Ref}}}{2}$。

(2) 若 555 的电压控制端(5 脚)接一个电阻 $R$ 到地,如图 7.3.2 所示,$R = 10\text{k}\Omega$,可知此时 $U_{\text{R1}} = \dfrac{V_{\text{CC}}}{2}$,$U_{\text{R2}} = \dfrac{V_{\text{CC}}}{4}$。

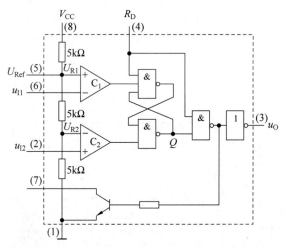

图 7.3.1 电压控制端(5 脚)接参考电压 $U_{\text{Ref}}$

3. 施密特触发器和第 5 章讲述的触发器有什么不同之处。

**答**:施密特触发器,其英文为 Schmitt Trigger,而第 5 章讲述的触发器,其英文为 Flip-Flop,这两种电路从根本上就是不同性质的电路。第 5 章讲的各种触发器,输出都具有两个可以自行保持的稳定状态,并且可以根据需要置 1 或置 0。而施密特触发器的

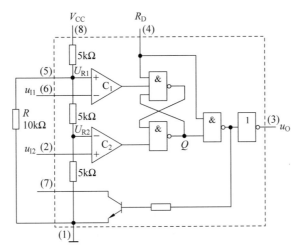

图 7.3.2　电压控制端(5 脚)接电阻 $R$

输出状态是由当时的输入电压决定的,没有记忆功能;它的特点是输入电压在上升过程中引起输出状态改变时取决于上阈值电压 $U_{T+}$,输入电压在下降过程中引起输出状态改变时取决于下阈值电压 $U_{T-}$,具有回差特性。

## 7.4　重点剖析

【例 7.1】　两相时钟脉冲电路如例图 7.1-1 所示。其中 555 定时器及 $R$、$C$ 构成一个多谐振荡器。设 555 定时器的 $U_{OH} \approx V_{CC}$,$U_{OL} \approx 0$。

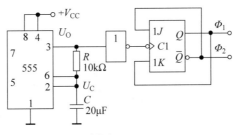

例图　7.1-1

(1) 画出 $U_C$、$U_O$、$\Phi_1$ 和 $\Phi_2$ 各点的波形。

(2) 使用三要素法公式 $T = \tau \ln \dfrac{u_C(\infty) - u_C(0^+)}{u_C(\infty) - u_C(T)}$,推出多谐振荡器振荡周期的计算公式,并计算其振荡周期。

　　**解**:(1) $U_C$、$U_O$、$\Phi_1$ 和 $\Phi_2$ 各点的波形如例图 7.1-2 所示。

　　(2) $T_1 = \tau \ln \dfrac{u_C(\infty) - u_C(0^+)}{u_C(\infty) - u_C(T_1)}$

其中，$u_C(\infty)=U_{OH}\approx V_{CC}$，$u_C(0^+)=\dfrac{1}{3}V_{CC}$，$u_C(T_1)=\dfrac{2}{3}V_{CC}$，$\tau=RC$

则 $T_1=RC\ln\dfrac{V_{CC}-\dfrac{1}{3}V_{CC}}{V_{CC}-\dfrac{2}{3}V_{CC}}=0.7RC$

同理：$T_2=0.7RC$

$T=T_1+T_2=1.4RC=1.4\times 10\mathrm{k\Omega}\times 20\mathrm{\mu F}=280\mathrm{ms}$

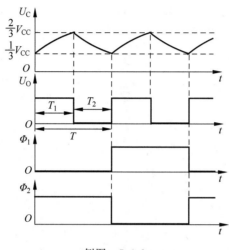

例图 7.1-2

【例 7.2】 555 定时器构成的门铃电路如例图 7.2-1。要求每按一次按钮 S，喇叭就以 1.2kHz 的频率鸣响 10s。求出 $R_1$、$R_3$ 的数值。对应 $U_S$ 简略画出 $U_{C1}$、$U_{O1}$、$U_{O2}$ 的工作波形。简述该门铃电路的工作原理。

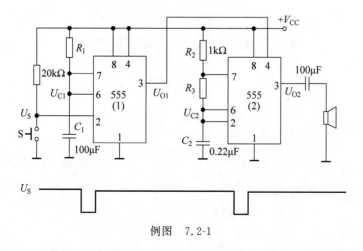

例图 7.2-1

**解**：(1) 555(1) 单稳态触发器的脉冲宽度：$t_W=1.1R_1C_1=10\mathrm{s}$

已知 $C_1 = 100\,\mu\mathrm{F}$ ，求得 $R_1 \approx 91\mathrm{k}\Omega$

555(2)多谐振荡器的周期：$T = 0.7(R_2 + 2R_3)C_2 = \dfrac{1}{1.2 \times 10^3} \approx 0.83\mathrm{ms}$

已知 $C_2 = 0.22\,\mu\mathrm{F}$，$R_2 = 1\mathrm{k}\Omega$，求得 $R_3 \approx 2.2\mathrm{k}\Omega$

（2）对应 $U_S$ 简略画出 $U_{C1}$、$U_{O1}$、$U_{O2}$ 的工作波形如例图 7.2-2 所示。

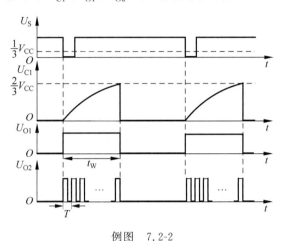

例图　7.2-2

（3）该门铃电路的工作原理：按一次按钮 S，$U_S$ 输入一个负脉冲，单稳态触发器进入暂稳状态，$U_{O1}$ 输出高电平，即 555(2)的 4 端为高电平，使多谐振荡器开始工作，在 $U_{O2}$ 端输出频率为 1.2kHz 的高频脉冲信号，喇叭鸣响。持续 10s 后，暂稳状态结束，$U_{O1}$ 输出低电平，多谐振荡器复位，振荡停止，喇叭不响。

## 7.5　同步自测

### 7.5.1　同步自测题

一、填空题

1. 由 555 定时器组成的电路中，在电压控制端与地之间接一个电容的作用是＿＿＿＿。

2. 由 555 定时器构成的施密特触发器中，通过在电压控制端加一直流可调电压，则可调节＿＿＿＿。

3. 555 定时器外接电阻 $R_1$、$R_2$ 和电容 $C$ 构成的多谐振荡器的振荡周期为＿＿＿＿。

4. 将正弦波信号变换为同频率的矩形脉冲信号，应选择由 555 定时器组成的＿＿＿＿。

5. 集成单稳态触发器分为＿＿＿＿和＿＿＿＿两种类型。

二、选择题

1. 施密特触发器的特点是(    )。

    A. 具有记忆功能                  B. 具有负反馈电路

    C. 有两个可自行保持的稳定状态      D. 上升和下降过程的阈值电压不同

2. 若将边沿变化缓慢的信号转换为边沿变化很陡的矩形脉冲信号,应选择(    )。

    A. 施密特触发器                  B. 不可重复触发的单稳态触发器

    C. 多谐振荡器                      D. 可重复触发的单稳态触发器

3. 欲在一串幅度不等的脉冲信号中,剔除幅度不够大的脉冲,可用(    )。

    A. 施密特触发器                  B. 单稳态触发器

    C. 多谐振荡器                      D. 集成定时器

4. 为了提高多谐振荡器的稳定性,最有效的方法是(    )。

    A. 提高电阻、电容的精度            B. 提高电源电压的稳定度

    C. 采用石英晶体振荡器             D. 保持环境温度不变

5. 单稳态触发器正常工作时输出脉冲的宽度取决于(    )。

    A. 电源电压的数值                B. 触发脉冲的宽度

    C. 触发脉冲的幅度                D. 电路本身的电阻、电容值

6. 由 555 定时器构成的施密特触发器,当电源电压为 15V 时,其回差电压 $\Delta U_T$ 的值为(    )。

    A. 15V             B. 10V             C. 5V             D. 1.667V

7. 由 555 定时器构成的单稳态触发器,其暂态时间为(    )。

    A. $0.7RC$           B. $RC$              C. $1.4RC$          D. $1.1RC$

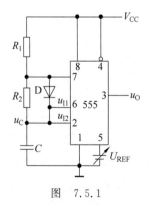

图 7.5.1

三、分析计算题

1. 由集成定时器 555 构成的压控振荡器电路如图 7.5.1 所示,已知 $R_1 = 10\text{k}\Omega$,试分析:

(1) 当 $U_{REF}$ 减小时,振荡频率是如何变化的?

(2) 当 $U_{REF} = \dfrac{2}{3}V_{CC}$ 时,若输出脉冲波形的占空比为 50%,则电路中 $R_2$ 的值为多少?

(3) 电源电压 $V_{CC}$ 的变化对振荡频率有无影响?为什么?

(4) 欲使电路正常工作,对 $U_{REF}$ 的变化范围有何限制?

2. 由 555 定时器和 JK 触发器组成的电路如图 7.5.2 所示,已知 CP 为 10Hz 方波,$R_1 = 10\text{k}\Omega$,$R_2 = 56\text{k}\Omega$,$C_1 = 1000\text{pF}$,$C_2 = 4.7\mu\text{F}$,$V_{CC} = 5\text{V}$,JK 触发器输出 $Q$ 初始值为 0,555 定时器输出 $u_O$ 的初始值为 0V,二极管 D 的导通压降为 0.7V,试求:

(1) 说明 555 定时器组成的电路名称;

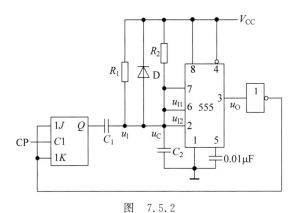

图 7.5.2

（2）已知 CP 如图 7.5.3 所示，画出 CP 与 JK 触发器的输出 $Q$、$u_I$、$u_O$ 对应的波形图；

（3）计算 $u_O$ 的占空比。

图 7.5.3

3. 由 555 定时器构成的电动机运行超速报警器电路如图 7.5.4 所示，$u_I$ 是从编码器获得的与电动机转速成正比的脉冲信号。在正常速度时，发光二极管不发光；当速度超过正常值时，发光二极管点亮报警，指示速度超过允许值。已知 $R_1 = 10\text{k}\Omega$，$R_2 = 18\text{k}\Omega$，$C_1 = C_2 = 0.01\mu\text{F}$。

（1）说明电路的组成及工作原理；

（2）画出 $u_{C1}$、$u_{O1}$、$u_{C2}$、$u_{O2}$ 的波形，并分别标出 $u_{C1}$、$u_{C2}$ 从 0 充电到 $\frac{2}{3}V_{CC}$ 时的时

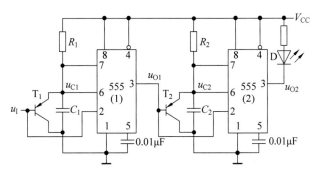

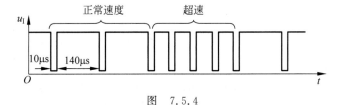

图 7.5.4

间长度。

## 7.5.2 同步自测题参考答案

**一、填空题**

1. 消除干扰信号　　2. 回差电压 $\Delta U_{\mathrm{T}}$ 　　3. $0.7(R_1 + R_2)C$

4. 施密特触发器

5. 可重复触发的单稳态触发器,不可重复触发的单稳态触发器

**二、选择题**

1～7　D、A、A、C、D、C、D

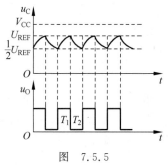

图 7.5.5

**三、分析计算题**

1. **解**:(1)当 555 定时器的电压控制端(5 脚)外接一电压 $U_{\mathrm{REF}}$ 时,内部比较器的参考电压分别为 $U_{\mathrm{REF}}$ 和 $\frac{1}{2}U_{\mathrm{REF}}$,电路工作过程的翻转电压分别为 $U_{\mathrm{REF}}$ 和 $\frac{1}{2}U_{\mathrm{REF}}$,波形图如图 7.5.5 所示。

可以看出,当 $V_{\mathrm{CC}}$ 不变,而 $U_{\mathrm{REF}}$ 减小时,电容 $C$ 充放电的时间缩短,因而 $T_1$ 和 $T_2$ 都变小,所以振荡频率变大。

(2) 若占空比为 50%,即 $q = \dfrac{T_1}{T_1 + T_2} = \dfrac{R_1}{R_1 + R_2} = 50\%$,则 $R_2 = R_1 = 10\mathrm{k}\Omega$。

(3) 该电路的 $U_{\mathrm{REF}}$ 不变时,若 $V_{\mathrm{CC}}$ 增大,则充电过程加快,从而使振荡频率增大,反之,若 $V_{\mathrm{CC}}$ 减小,则振荡频率减小。

(4) 若使电路正常工作,应满足 $U_{\mathrm{REF}} < V_{\mathrm{CC}}$。因为 $U_{\mathrm{REF}} \geqslant V_{\mathrm{CC}}$ 会使得充电过程无法实现,不会振荡,电路无法正常工作。

2. **解**:(1)单稳态触发器;

(2) 求出单稳态触发器输出脉宽 $t_{\mathrm{W}} = 1.1 R_2 C_2 = 0.29\mathrm{s}$。

画出 CP 对应的 $Q$、$u_1$、$u_{\mathrm{O}}$ 波形如图 7.5.6 所示。

(3) $T = 4T_{\mathrm{CP}} = 0.4\mathrm{s}$,$t_{\mathrm{W}} = 1.1 R_2 C_2 = 0.29\mathrm{s}$,$q = \dfrac{t_{\mathrm{W}}}{T} \times 100\% = 72.5\%$。

3. **解**:(1)三极管和 555 定时器组成两个可重复触发的单稳态触发器。当输入负向脉冲时,三极管 $T_1$ 饱和导通,并使 555(1) 的输出 $u_{\mathrm{O1}}$ 为 1,此时因 $T_1$ 在 $u_1$ 为低电平期间仍被短路,$C_1$ 不能充电,直到 $u_1$ 跳变为高电平才开始充电。电动机正常运行下,输入脉冲的时间间隔应大于 $1.1 R_1 C_1$。当超速时,两个输入脉冲的间隔时间内,$C_1$ 充电电压

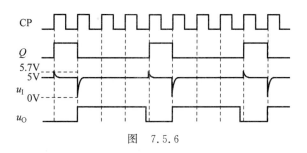

图 7.5.6

小于 $\frac{2}{3}V_{CC}$,使 $u_{O1}$ 始终为 1。由于 555(2) 所构成单稳态触发器的输出脉冲持续时间

$1.1R_2C_2$ 大于正常时 $u_{O1}$ 的周期,因此电动机正常运行时 $C_2$ 充电电压小于 $\frac{2}{3}V_{CC}$,使

$u_{O2}$ 始终为 1,发光二极管 D 截止。当超速时,$u_{O1}$ 持续为 1,$C_2$ 充电电压达到 $\frac{2}{3}V_{CC}$,

$u_{O2}$ 为 0,发光二极管 D 导通点亮,指示速度超过允许值,$u_{O2}$ 持续为 0,$C_2$ 不充电,直至
电动机转速正常后,$u_{O1}$ 为 0,$u_{O2}$ 恢复为 1,发光二极管截止,停止报警。

(2) 由已知参数可以求得,$u_{C1}$、$u_{C2}$ 从 0 充电到 $\frac{2}{3}V_{CC}$ 时的时间长度分别为 $t_{W1}=$

$1.1R_1C_1=110\,\mu s$,$t_{W2}=1.1R_2C_2=198\,\mu s$。画出 $u_{C1}$、$u_{O1}$、$u_{C2}$、$u_{O2}$ 的波形,如图 7.5.7
所示。

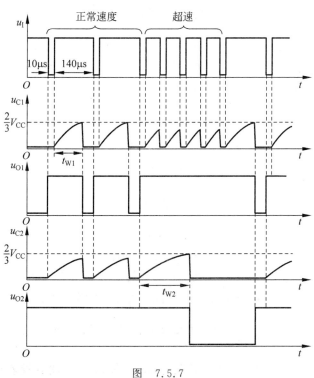

图 7.5.7

## 7.6　习题解答

**7.1** 经施密特触发器整形后的输出电压波形如解图 7.1 所示。

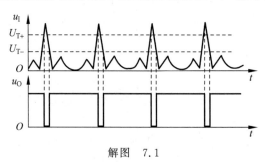

解图　7.1

**7.2** 题图 7.2 的电路是利用射极跟随器的射极电阻来改变回差电压的施密特触发器。设 $R_{e2}$ 两端的电压为 $U_{e2}$，三极管发射极对地的电压为 $U_e$，门电路的转折电压为 $U_{th}$。

当 $u_I$ 足够低时，$U_e < U_{th}$，$S=0$，$U_{e2} < U_{th}$，$R=1$，$u_{O2}$ 为高电平，$u_{O1}$ 为低电平。当 $u_I$ 上升使 $U_e \geq U_{th}$ 时，$S$ 由 0 转向 1，而 $U_{e2}$ 仍小于 $U_{th}$，所以 $R$ 仍为 1，这时 $u_{O2}$、$u_{O1}$ 维持原来的状态。只有当 $U_{e2}$ 也升至 $U_{th}$ 时，$R$ 由 1 转向 0，触发器发生翻转，$u_{O2}$ 变低电平，$u_{O1}$ 变高电平。这时对应的 $u_I$ 为上限触发电平 $U_{T+}$，显然 $U_{T+} = \dfrac{U_{th}}{R_{e2}}(R_{e1}+R_{e2}) + U_{BE}$。

当 $u_I$ 下降，使 $U_{e2}$ 降至 $U_{th}$ 时，$R$ 又由 0 回到 1，而 $U_e$ 仍大于 $U_{th}$，$S$ 仍为 1，这时 $u_{O2}$ 维持低电平，$u_{O1}$ 维持高电平。只有当 $U_e$ 也降至 $U_{th}$ 时，$S$ 才由 1 转向 0，触发器发生又一次翻转，$u_{O2}$ 回到高电平，$u_{O1}$ 回到低电平。这时对应的 $u_I$ 为下限触发电平 $U_{T-}$，显然 $U_{T-} = U_{th} + U_{BE}$。

电路的回差电压

$$\Delta U_T = U_{T+} - U_{T-} = \frac{R_{e1}}{R_{e2}} U_{th}$$

当 $R_{e1}$ 在 $50 \sim 100\Omega$ 的范围内变动时，回差电压的变化范围为 $\dfrac{1}{2}U_{th} \sim U_{th}$。

描述此施密特触发器工作原理的波形如解图 7.2 所示。

**7.3** 工作原理：当多谐振荡器输出 $u_O$ 为高电平时，放电三极管截止，$V_{CC}$ 经 $R_1$、$R_{W1}$、D 及 $R_{W2}$、$R_2$ 支路向电容 $C$ 充电，由于 D 的导通电阻很小，可以忽略 $R_{W2}$、$R_2$ 支路的影响，充电时间常数为 $(R_1+R_{W1})C$。伴随着充电，电容上的电压 $u_C$ 不断增加。当 $u_C$ 增大至 $\dfrac{2}{3}V_{CC}$ 时，$u_O$ 由高电平跳变为低电平，放电三极管导通，电容 $C$ 经 $R_2$、$R_{W2}$、放电三极管集电极（7 脚）放电，放电时间常数为 $(R_2+R_{W2})C$。此后随着放电，$u_C$ 由 $\dfrac{2}{3}V_{CC}$

点不断下降。当 $u_C$ 减小至 $\frac{1}{3}V_{CC}$ 时，$u_O$ 由低电平跳变为高电平，放电三极管截止，放电过程结束。此后重复前述过程。

振荡频率：$f=\dfrac{1}{0.7(R_1+R_2+R_W)C}$，占空比：$q=\dfrac{R_1+R_{W1}}{R_1+R_2+R_W}$

7.4 振荡周期 $T\approx 0.9\text{ms}$，振荡频率，$f\approx 0.2\text{kHz}$，占空比 $q\approx 0.53$。

7.5 工作原理：题图 7.5 由两级 555 电路构成，第一级是施密特触发器，第二级是多谐振荡器。施密特触发器的输入由 $R_1$、$C_1$ 充放电回路和开关 S 控制，电容 $C_1$ 上的电压 $u_C$ 相当于施密特触发器的输入信号。施密特触发器的输出经反相器 $G_1$ 去控制多谐振荡器的复位端 $R_D$。

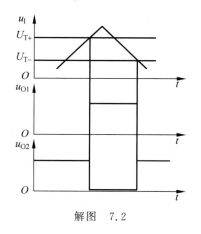

解图 7.2

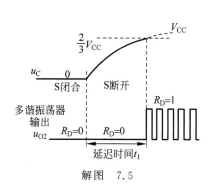

解图 7.5

当 S 闭合时，$u_C=0\text{V}$，施密特触发器输出高电平，经反相后使 $R_D$ 为 0，多谐振荡器复位，扬声器不响。当 S 断开后，$R_1$、$C_1$ 回路开始充电，$u_C$ 随之上升，但在达到 $U_{T+}=\frac{2}{3}V_{CC}$ 之前，施密特触发器的输出仍为高电平，扬声器仍不发声。一旦 $u_C$ 达到 $U_{T+}=\frac{2}{3}V_{CC}$，施密特触发器触发翻转，输出低电平，$R_D=1$，多谐振荡器工作，扬声器开始发声报警。由 S 断开至 $u_C$ 上升到 $\frac{2}{3}V_{CC}$ 的一段时间即为延迟时间。其工作原理的示意图见解图 7.5。

延迟时间：$t_1\approx 1.1R_1C_1=1.1\times 10^6\times 10\times 10^{-6}=11\text{s}$

扬声器发声频率：$f=\dfrac{1}{0.7(R_2+2R_3)C_2}=\dfrac{1}{0.7\times 15\times 10^3\times 0.01\times 10^{-6}}\approx 9.5\text{kHz}$

7.6 两级 555 电路均构成多谐振荡器。由前级的输出去控制后级的 5 端（控制电压端），这会使后级 555 电路中的两比较器的比较电压不再是 $\frac{1}{3}V_{CC}$，$\frac{2}{3}V_{CC}$，而受控于 5 端电压。又知，前级电路的充放电时间常数远大于后级，这意味着前级的振荡周期远大于后级。当前级电路的输出为低电平时,后级的 5 端电压较低,555 中比较器的比较电压较低,两比较值之间的间隔较小,致使后级振荡器的振荡频率较高,扬声器发出高音。当前级电路的输出为高电平时,后级 555 中比较器的比较电压较高,两比较值之间的间隔较大,致使振荡器的振荡频率较低,扬声器发出低音。

扬声器发出低音的持续时间:$0.7(R_1 + R_2)C_1 = 1.12\text{s}$

扬声器发出高音的持续时间:$0.7R_2C_1 = 1.05\text{s}$

7.7 题图 7.7 所示电路中,若 1 端接地,则 555 定时器构成一个多谐振荡器。但现在定时器的 1 端通过三极管 T 接地,而管子的状态由监视电压 $u_x$ 决定。当 $u_x$ 未超限时,稳压管 $D_Z$ 截止,三极管 T 也截止,定时器的 1 端相当于开路,振荡器不工作,发光二极管 D 不闪烁;当 $u_x$ 超限时,稳压管 $D_Z$ 击穿,随之三极管 T 饱和导通,定时器的 1 端相当于接地,振荡器正常工作,在输出端得到脉冲信号,发光二极管 D 闪烁报警。

7.8 触发脉冲 $u_1$、电容电压 $u_C$ 及 555 输出电压 $u_O$ 的波形如解图 7.8 所示。

$$\text{充电电流:} I_E = \frac{\left(\dfrac{R_1}{R_1 + R_2}V_{CC} - 0.7\right)}{R_e}, \quad C \text{ 的充电时间:} t_{po} = \frac{\dfrac{2}{3}V_{CC}C}{I_E}$$

7.9 可选用 555 定时器构成的不可重复触发的单稳态触发器。电路如解图 7.9 所示。要使输出波形的脉冲宽度达到 0.8s,可以取 $C = 10\mu\text{F}$,则 $R \approx 73\text{k}\Omega$。

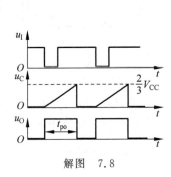
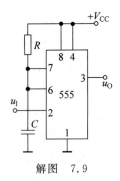

解图 7.8        解图 7.9

7.10 $u_C$ 及 $u_O$ 的工作波形如解图 7.10 所示。输出信号频率的表达式:

$$f = \frac{1}{\tau_1 \ln\dfrac{0 - U_{T+}}{0 - U_{T-}} + \tau_2 \ln\dfrac{V_{DD} - U_{T-}}{V_{DD} - U_{T+}}}$$

其中:$\tau_1 = R_1C, \tau_2 = R_2C$。

7.11 (1)工作原理:第一级 555 定时器构成多谐振荡器,第二级构成单稳态触发器。第一级的输出脉冲信号 $u_{O1}$ 经 $R_4$、$C_2$ 构成的微分电路转变为窄脉冲,去触发第二级单稳。第二级输出 $u_O$ 的频率与多谐振荡器输出信号的频率相同,所以调节可变电阻 $R_1$,就可以改变 $u_O$ 的频率。但 $u_O$ 的脉宽是由单稳的参数决定的,因单稳的参数不变,所以 $u_O$ 的脉宽不变。于是得到了频率可调而脉宽不变的脉冲波。

设第一级 555 定时器的输出为 $u_{O1}$,第二级 555 定时器"2"端的电压为 $u_2$,电路中各端工作波形参见解图 7.11。

（2）频率变化的范围和输出脉宽：

$u_O$ 的频率变化范围：$\dfrac{1}{0.7(R_1+R_2+2R_3)C_1} \sim \dfrac{1}{0.7(R_2+2R_3)C_1}$

输出脉宽：$t_W = 1.1R_5C_3$

（3）$R_4$、$C_2$ 构成微分电路，将第一级输出的宽脉冲信号 $u_{O1}$ 变为正负相间的尖脉冲 $u_2$，由于二极管 D 的削波（钳位）作用。将 $u_2$ 中的正尖脉冲削掉，以避免过大的电压加于单稳的输入端，保护定时器的安全。

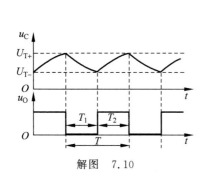

解图　7.10

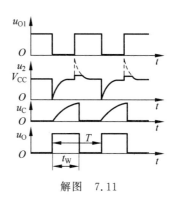

解图　7.11

7.12　（1）题图 7.12 中 $u_{O1}$、$u_C$、$u_{O2}$、$u_O$ 的电压波形如解图 7.12 所示。

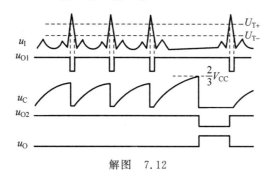

解图　7.12

（2）电路的组成及工作原理：

第一级 555 定时器构成施密特触发器，将心律信号整形为脉冲信号；第二级 555 定时器构成可重复触发的单稳态触发器，也称为失落脉冲检出电路。当心律正常时，$u_{O1}$ 无丢失脉冲，输出标准的周期脉冲信号，使得 $u_C$ 不能充电至 $\frac{2}{3}V_{CC}$，所以 $u_{O2}$ 始终为高电平，$u_O$ 始终为低电平，发光二极管 $D_1$ 亮，$D_2$ 不亮，表示心律正常；当心律出现漏搏时，$u_{O1}$ 高电平的维持时间加长，可使 $u_C$ 充电至 $\frac{2}{3}V_{CC}$，$u_{O2}$ 变为低电平，$u_O$ 变为高电平，发光二极管 $D_2$ 亮，$D_1$ 不亮，表示心律失常（$D_2$ 每亮一次，表示心电波有一个漏搏产生）。

## 7.7　自评与反思

第

**8**

章

半导体存储器

本章主要学习半导体存储器,了解存储技术和半导体存储器的发展历史,理解只读存储器和随机存储器的基本结构和原理,能够根据需要扩展存储器容量。

## 8.1 学习要求

本章各知识点的学习要求如表 8.1.1 所示。

表 8.1.1 第 8 章学习要求

| 知 识 点 | | 学习要求 | | |
|---|---|---|---|---|
| | | 熟练掌握 | 正确理解 | 一般了解 |
| 半导体存储器的基本概念 | 存储器的常见术语 | √ | | |
| | 半导体存储器的分类 | | | √ |
| ROM | 固定 ROM(掩膜 ROM) | | √ | |
| | PROM | | √ | |
| | EPROM | | √ | |
| | $E^2$PROM | | √ | |
| | 快闪存储器 | | √ | |
| ROM 的应用 | 用 ROM 产生逻辑函数 | | √ | |
| RAM | RAM 的基本结构及工作原理 | | | √ |
| | SRAM | | √ | |
| | DRAM | | √ | |
| 存储器的容量扩展 | 位扩展 | √ | | |
| | 字扩展 | √ | | |

## 8.2 要点归纳

### 8.2.1 存储器的基本概念及分类

(1) 半导体存储器:是由半导体器件构成的能够大量存储二进制信息的部件。

(2) 有关的术语:

① 存储单元:在存储器中用于存储 1 位二进制信息的基本单元。

② 字:信息传递的基本单位,由一个或一组存储单元组成并被赋予一个地址代码。

③ 字长:一个字所能存储的二进制数信息的位数。字长也叫位数。

④ 容量:存储器中存储单元的总数。容量=字数×字长(位数)。

(3) 半导体存储器分类:

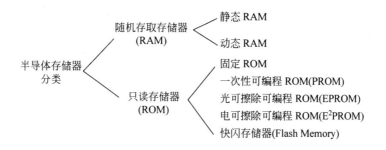

## 8.2.2 只读存储器

只读存储器(ROM)在正常工作状态下,只能从存储器中读出数据,不能快速地随时修改或重新写入数据。优点是存储的数据不会因断电而消失,即具有数据非易失性。

1. ROM 的分类及特点

(1) 固定 ROM。厂家把数据写入存储器中,用户无法进行任何修改。

(2) 一次性可编程 ROM(PROM)。用户可根据自己的需要编程,但只能编程一次。

(3) 光可擦除可编程 ROM(EPROM)。存储的内容可以反复擦除和重写。但擦除需在特殊环境下,用紫外线照射来进行,其方式烦琐,擦除时间较长。

(4) 电可擦除可编程 ROM($E^2$PROM)。用电擦除,在线操作,并且擦除的速度要快得多。但容量较小,成本较高。

(5) 快闪存储器(Flash Memory)。采用电擦除/写入,并且具有在线高速擦除、高集成度、大容量、低成本和使用方便等优势。

2. 固定 ROM 简介

(1) 从存储器角度看,ROM 主要包括存储矩阵、地址译码器。一个 $4 \times 4$ 的 ROM 电路结构框图如图 8.2.1 所示。与其对应的二极管固定 ROM 见图 8.2.2。

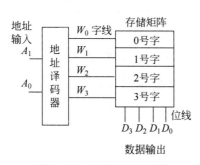

图 8.2.1　ROM 结构框图

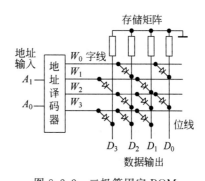

图 8.2.2　二极管固定 ROM

图 8.2.2 中存储矩阵由存储单元构成。每个单元存储一位二进制信息,它们位于字

线与位线的交叉点上。但各单元的结构不同,有的单元有二极管,有的无二极管,此处有管的单元存 1,无管的存 0。

存储单元排列成 $4 \times 4$ 的存储矩阵。每行一个字,挂靠在横向引线(字线)上,本矩阵共 4 个字,对应 4 条字线。每个字所包含存储单元的个数,决定字的位数,并相应设置纵向连线(位线)。此处每个字 4 位,共 4 条位线。此存储器的存储容量为 $4 \times 4$。

地址译码器为 2-4 线二进制译码器。地址输入端 $A_1A_0$ 取 4 组值,可分别使 $W_0 \sim W_3$ 输出高电平,分别选中 4 个字,并由数据输出端 $D_3D_2D_1D_0$ 读出。

地址输入 $A_1A_0$ 与数据输出 $D_3D_2D_1D_0$ 的关系可由 ROM 真值表(见表 8.2.1)体现。ROM 真值表还可以直观地体现上述 ROM 的结构。比如:真值表中 $D_3D_2D_1D_0$ 之下列有 4 行 4 位的二进制数,这说明存储矩阵中有 4 个字,每字 4 位。并且对应取值为 "1" 的位置,存储矩阵中有管子,取值为 "0" 的,无管子。

表 8.2.1　ROM 真值表

| $A_1$ | $A_0$ | $D_3$ | $D_2$ | $D_1$ | $D_0$ |
| --- | --- | --- | --- | --- | --- |
| 0 | 0 | 0 | 1 | 0 | 1 |
| 0 | 1 | 1 | 0 | 1 | 0 |
| 1 | 0 | 0 | 1 | 1 | 1 |
| 1 | 1 | 1 | 1 | 1 | 0 |

(2) 从组合逻辑电路的角度看,ROM 是由与门阵列和或门阵列组成的。其结构框图如图 8.2.3 所示。电路图如图 8.2.4 所示。

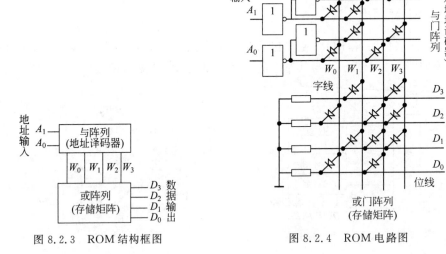

图 8.2.3　ROM 结构框图　　　　图 8.2.4　ROM 电路图

由图 8.2.4 可见,与门阵列中有 4 个与门,其结构是固定的,或门阵列中有 4 个或门,其结构是可编程的。

与门阵列的输出表达式：

$$W_0 = \overline{A_1}\,\overline{A_0} \quad W_1 = \overline{A_1}A_0 \quad W_2 = A_1\overline{A_0} \quad W_3 = A_1A_0$$

或门阵列的输出表达式：

$$D_0 = W_0 + W_2 \quad D_1 = W_1 + W_2 + W_3$$
$$D_2 = W_0 + W_2 + W_3 \quad D_3 = W_1 + W_3$$

由以上两组表达式同样可以列出表 8.2.1 所示的 ROM 真值表。

### 3. ROM 的应用

ROM 电路可存储二进制信息，还可用作函数运算表，实现任意组合逻辑函数，与计数器、D/A 转换器配合，组成任意波形发生器等。

## 8.2.3　随机存取存储器

随机存取存储器(RAM)也称为读/写存储器。既能方便地读出所存数据，又能随时写入新的数据。RAM 的缺点是数据易失，即一旦掉电，所存的数据全部丢失。RAM 又有静态和动态之分。

### 1. RAM 的基本结构

RAM 由存储矩阵、地址译码器、读/写控制器等几部分组成。其结构框图如图 8.2.5 所示。

### 2. RAM 的典型芯片简介

RAM 集成芯片 2114 的容量为 $1024 \times 4(1\text{K} \times 4)$。其内部结构如图 8.2.6 所示。

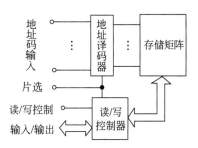

图 8.2.5　RAM 结构框图

电路主要由存储矩阵、地址译码器和读/写控制器 3 部分组成。

存储矩阵中的小圆圈表示存储单元，可以存储一位二进制信息，存储单元排列成 $64 \times 64$ 的存储矩阵。因为每个字 4 位，需将每 4 个单元归为一个字，所以每 4 列归为一组，共 16 组。由此可见存储矩阵中的字数为 $64 \times 16 = 1024$，存储容量为 $1024 \times 4$。

地址译码器属于双向译码结构。行译码器为 6-64 线二进制译码器，列译码器为 4-16 线二进制译码器。共 10 个地址输入端 $A_9 \sim A_0$，可以取 $2^{10} = 1024$ 组值，选中 1024 个地址，每个地址存放一个字。

读/写控制器由两组高电平有效的三态缓冲器及与门组成。$I/O_1 \sim I/O_4$ 为输入/输出端，当存储器写入时，用作输入端，当读出时，用作输出端。因存储器的字长为 4，所以有 4 个输入/输出端。$\overline{\text{CS}}$ 为片选端，$\overline{\text{WE}}$ 为读/写控制端。读写控制器的工作原理请参见功能表 8.2.2。

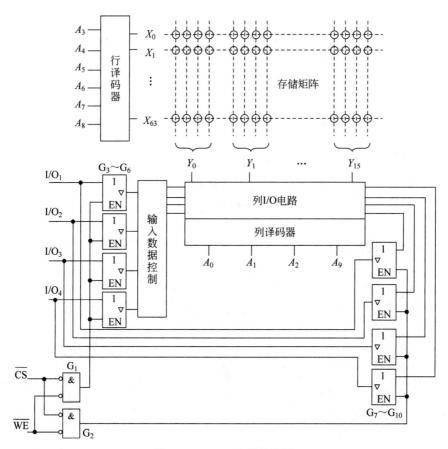

图 8.2.6　2114 内部结构图

**表 8.2.2　2114 功能表**

| $\overline{CS}$ | $\overline{WE}$ | 逻辑门状态 | I/O | 片子操作方式 |
|---|---|---|---|---|
| 1 | × | $G_1$, $G_2$ 输出 0, $G_3 \sim G_{10}$ 均高阻 | 高阻态 | 未选中 |
| 0 | 0 | $G_2$ 输出 0, $G_1$ 输出 1, $G_7 \sim G_{10}$ 高阻, $G_3 \sim G_6$ 工作 | 1 | 写 1 |
| | | | 0 | 写 0 |
| | 1 | $G_1$ 输出 0, $G_2$ 输出 1, $G_3 \sim G_6$ 高阻, $G_7 \sim G_{10}$ 工作 | 输出数据 | 读 |

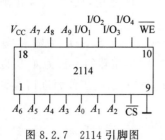

图 8.2.7　2114 引脚图

　　2114 芯片的引脚图如图 8.2.7 所示。由图可知该芯片有 10 条地址线 $A_9 \sim A_0$，4 条数据线 I/$O_1 \sim$ I/$O_4$。根据地址线的数量可知芯片的字数为 $2^{10}$，根据数据线的数量可知其字长为 4，进而确定存储容量为 $2^{10} \times 4$。一般来讲，当存储器的地址线为 $n$，数据线为 $m$ 时，其字数为 $2^n$，字长为 $m$，存储容量为 $2^n \times m$。

3. ROM/RAM 的容量扩展

当单个 ROM/RAM 芯片的容量不能满足存储系统的需要时,要进行容量扩展。当位数不够时,需要位扩展,当字数不够时,需要字扩展。

(1) 位扩展:将多个存储器芯片的所有输入端分别相并,各芯片的数据端作为存储系统的数据端,从而实现位数的扩展。

(2) 字扩展:由译码器或其他门电路来控制多个存储器芯片的片选端,从而实现字数的扩展。

## 8.3 难点释疑

1. 如何正确理解 RAM 和 ROM 的特点及其区别?

**答**:RAM 称为随机存取存储器,既能读出数据,又能写入数据,高速存取数据,读写时间相等。ROM 称为只读存储器,只能读出数据,读取速度较低。RAM 内存储的数据断电后数据丢失,而 ROM 中存储的数据断电后不会丢失。RAM 主要用于高速数据缓存中,例如计算机的内存;ROM 主要用于存储固定的程序和数据,例如计算机的 BIOS。

2. 为何说 ROM 属于组合逻辑电路,而 RAM 属于时序逻辑电路?

**答**:从存储器内部存储矩阵的组成电路可知,ROM 是由与门阵列和或门阵列组成的,属于组合逻辑电路;而 RAM 是由锁存器与控制电路构成的,具有记忆功能,数据的读出与写入要遵守严格的读写时序,因此属于时序逻辑电路。

3. 如何用 ROM 存储器实现组合逻辑函数?

**答**:存储器可以用来实现各种组合逻辑函数,尤其是多输入、多输出的逻辑函数。用 ROM 存储器实现组合逻辑函数的一般步骤如下:

(1) 首先根据设计要求,进行逻辑抽象,求得逻辑真值表或逻辑表达式;

(2) 选择存储器芯片,要求芯片的地址输入端数应等于或大于输入变量数目,芯片的数据输出端数应等于或大于输出函数的数目;

(3) 将输入变量接到存储器芯片的地址输入端,存储器的输出端作为函数输出端,并从函数的真值表或表达式得到与之对应的存储器数据表;

(4) 将得到的数据表按地址写入存储器中,就得到了所设计的组合逻辑电路。

## 8.4 重点剖析

**【例 8.1】** 请用 ROM 实现如下组合逻辑函数:

$$L_1 = A \oplus B \oplus C, \quad L_2 = AB + BC + AC$$

$$L_3 = AB + \overline{A}\,\overline{B}, \quad L_4 = \overline{A}\,\overline{B}C + A\overline{B}\,\overline{C} + AB\overline{C}$$

**解**:从组合逻辑电路的角度看,ROM 由与门阵列和或门阵列组成。

(1) 将逻辑函数展开为最小项表达式：

$$L_1(A,B,C) = A \oplus B \oplus C = m_1 + m_2 + m_4 + m_7$$

$$L_2(A,B,C) = AB + BC + AC = m_3 + m_5 + m_6 + m_7$$

$$L_3(A,B,C) = AB + \overline{A}\,\overline{B} = m_0 + m_1 + m_6 + m_7$$

$$L_4(A,B,C) = \overline{A}\,\overline{B}C + A\overline{B}\overline{C} + AB\overline{C} = m_1 + m_4 + m_6$$

(2) 画出 ROM 的连线图：

ROM 连线图如例图 8.1 所示。由图可见,3 个输入变量 $ABC$ 由 ROM 的地址端输入,4 个输出变量 $L_1L_2L_3L_4$ 由 ROM 的数据输出端引出。ROM 的与门阵列是固定的,通过 8 个与门可以得到 $ABC$ 的 8 个乘积项(最小项)$m_0 \sim m_7$。或门阵列是可编程的,因为有 4 个输出变量,所以需要 4 个或门。根据以上各最小项表达式对或门阵列编程：表达式中包含的最小项,在或门阵列相应的位置上画点(表示此位置上有管子),否则无点(表示此位置上无管子)。

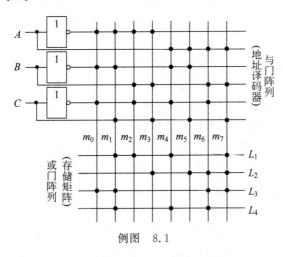

例图　8.1

【**例 8.2**】 集成 RAM 芯片 2114 的存储容量为 1K×4,其外部引脚见图 8.2.7,工作特点见表 8.2.2,当需要一个 4K×8 的存储系统时,请用多片 2114 组成该系统。

**解**：一片 RAM 2114 的存储容量是 1K×4 位,要求扩展为 4K×8 位的存储器系统。可见位数需扩大 2 倍,字数需扩大 4 倍。首先,将两片 2114 相并($A_9 \sim A_0$、$\overline{CS}$、$\overline{WE}$ 分别相并),每片 2114 有 4 个数据端 $I/O_4 \sim I/O_1$,两片合并则扩展为 8 个数据端 $D_7 \sim D_0$,这便由两片 2114 扩展得到了 1K×8 位的存储器。

若要使字数扩大 4 倍,可以借助译码器 74138 对 4 组 1K×8 位存储器的 $\overline{CS}$ 加适当的控制,并将其他端分别相并,即可扩展为 4K×8 位的存储器系统。其中,$D_7 \sim D_0$ 是它的 8 条数据线,$A_{11} \sim A_0$ 为 12 条地址输入线,$\overline{WE}$ 为读写控制端。扩展的存储器系统如例图 8.2 所示。

【**例 8.3**】 由 ROM 构成的任意波形发生器如例图 8.3-1 所示,改变 ROM 存储的内容,即可改变输出波形。当 ROM 真值表如例表 8.3 所示时,画出输出端电压随 CP 脉冲

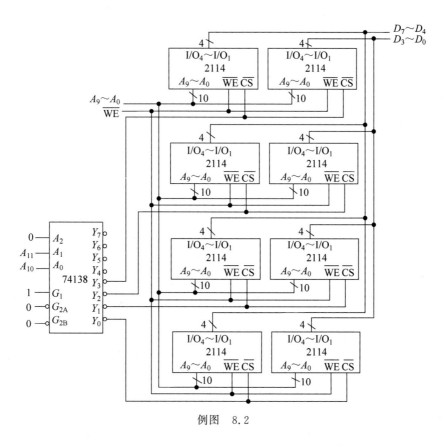

例图　8.2

变化的波形。D/A 转换器输出与输入的转换关系：$U_O = \dfrac{V_{REF}}{2^4} \displaystyle\sum_{i=0}^{3} D_i 2^i$。

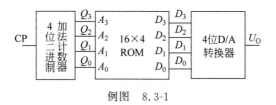

例图　8.3-1

例表　**8.3**

| CP | $A_3$ | $A_2$ | $A_1$ | $A_0$ | $D_3$ | $D_2$ | $D_1$ | $D_0$ |
|---|---|---|---|---|---|---|---|---|
| 0 | 0 | 0 | 0 | 0 | 0 | 0 | 0 | 0 |
| 1 | 0 | 0 | 0 | 1 | 0 | 0 | 0 | 1 |
| 2 | 0 | 0 | 1 | 0 | 0 | 0 | 1 | 0 |
| 3 | 0 | 0 | 1 | 1 | 0 | 0 | 1 | 1 |
| 4 | 0 | 1 | 0 | 0 | 0 | 1 | 0 | 0 |
| 5 | 0 | 1 | 0 | 1 | 0 | 1 | 0 | 1 |

续表

| CP | $A_3$ | $A_2$ | $A_1$ | $A_0$ | $D_3$ | $D_2$ | $D_1$ | $D_0$ |
|----|-------|-------|-------|-------|-------|-------|-------|-------|
| 6  | 0 | 1 | 1 | 0 | 0 | 1 | 1 | 0 |
| 7  | 0 | 1 | 1 | 1 | 0 | 1 | 1 | 1 |
| 8  | 1 | 0 | 0 | 0 | 0 | 0 | 0 | 0 |
| 9  | 1 | 0 | 0 | 1 | 0 | 0 | 0 | 1 |
| 10 | 1 | 0 | 1 | 0 | 0 | 0 | 1 | 0 |
| 11 | 1 | 0 | 1 | 1 | 0 | 0 | 1 | 1 |
| 12 | 1 | 1 | 0 | 0 | 0 | 0 | 0 | 0 |
| 13 | 1 | 1 | 0 | 1 | 0 | 1 | 0 | 1 |
| 14 | 1 | 1 | 1 | 0 | 0 | 1 | 1 | 0 |
| 15 | 1 | 1 | 1 | 1 | 0 | 1 | 1 | 1 |
| 16 | 0 | 0 | 0 | 0 | 0 | 0 | 0 | 0 |

**解**：由例图 8.3-1 可见，计数器的输出 $Q_3Q_2Q_1Q_0$ 送入 ROM 的地址输入端 $A_3A_2A_1A_0$，ROM 的数据输出 $D_3D_2D_1D_0$ 又作为后级 D/A 转换器的输入信号。而对于 D/A 转换器来说，有：$U_O = \dfrac{V_{REF}}{2^4}\sum_{i=0}^{3} D_i 2^i = K(D_3 2^3 + D_2 2^2 D_1 2^1 D_0 2^0)$，其中 $K = \dfrac{V_{REF}}{2^4}$。

设计数器初始状态为 0000，即 $A_3A_2A_1A_0 = 0000$，由例表 8.3 可知，对应的 $D_3D_2D_1D_0 = 0000$，则 $U_O/K = 0$；在第一个 CP 脉冲的作用下，计数器输出为 0001，即 $A_3A_2A_1A_0 = 0001$，由例表 8.3 知 $D_3D_2D_1D_0 = 0001$，则 $U_O/K = 1$；……依照上述方法逐个计算，即得 CP 脉冲作用下各 $U_O/K$ 的值。据此画出输出端电压随 CP 脉冲变化的波形如例图 8.3-2 所示。

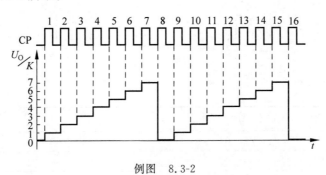

例图 8.3-2

\* **特别提示**：大规模集成电路—ROM 属于组合逻辑电路。随着电子技术的发展，只读存储器已名不副实，它不仅可以读出所存储的信息，而且可以方便地根据要求现场编程，这一改进使 ROM 除可以存储二进制信息外，其用法更加灵活、多变。例 8.1 体现了它在实现任意复杂的多输入、多输出组合逻辑函数方面的应用，例 8.3 体现了它在构成任意波形发生器方面的应用。与中小规模集成电路相比,其设计过程更加简单、方便、可靠性更高、成本更低。

## 8.5 同步自测

### 8.5.1 同步自测题

一、填空题

1. RAM 和 ROM 的主要区别是_____。

2. RAM 根据所采用的存储单元工作原理不同,可以分为_____存储器和_____存储器。

3. 半导体存储器中,ROM 属于_____逻辑电路,而 RAM 属于_____逻辑电路。

4. PROM 的与阵列_____,或阵列_____。

5. 欲组成 64K×8 位存储器系统,若选用 SRAM 6264(8K×8 位)芯片实现,则需要_____片这样的芯片。地址线需要_____位,其中_____位作片选线,_____位作片内选择线。

二、选择题

1. 采用浮栅技术的 EPROM 中存储的数据是( )可擦除的。
   A. 不　　　　　　B. 电　　　　　　C. 紫外线　　　　　D. 高压电

2. 电可擦除的 PROM 器件是( )。
   A. PROM　　　　　　　　　　　B. EPROM
   C. $E^2$PROM　　　　　　　　　　D. EPROM 和 $E^2$PROM

3. 某 ROM 芯片有 8 根地址线($A_0 \sim A_7$),有 4 根数据输出线($D_0 \sim D_3$),则 ROM 的容量为( )。
   A. 16×4 位　　　B. 16×8 位　　　C. 32×4 位　　　D. 256×4 位

4. 要扩展 4K×4 位的 RAM,需要( )片 1K×1 位的 RAM。
   A. 4　　　　　　B. 8　　　　　　C. 10　　　　　　D. 16

5. 存储容量为 8K×1 位的 RAM 芯片需要( )根地址线,片内包含( )个字单元。
   A. 13,8K　　　　B. 13,1K　　　　C. 10,8K　　　　D. 10,1K

三、分析设计题

1. 如果将一个含有 16384 个存储单元的电路设计成 8 位 RAM 存储器,则该 RAM 存储器分别有多少根数据线和地址线?

2. 1024×4 位 ROM 和 74LS138 的逻辑符号如图 8.5.1 所示,试用这两种芯片设计一个 4K×8 位的存储器,写出设计过程,画出逻辑图。

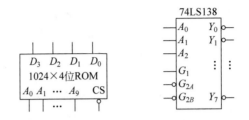

(a) 1024×4位ROM逻辑符号　　　(b) 74LS138逻辑符号

图　8.5.1

## 8.5.2　同步自测题参考答案

一、填空题

1. 断电后,RAM 中存储的数据会丢失,而 ROM 则不会
2. 静态,动态　　　3. 组合,时序　　　4. 可编程,固定
5. 8,16,3,13

二、选择题

1~5　C、C、D、D、A

三、分析设计题

1. **解**:(1)8 根数据线。

(2) 16384÷8 位＝2048＝$2^{11}$,所以有 11 根地址线。

2. **解**:由于已知 ROM 芯片的容量为 1024×4 位,若要组成 4K×8 位的存储器系统,则需要同时进行位扩展和字扩展。扩展时需要 ROM 芯片的总数量为 $\dfrac{4K×8}{1K×4}=8$ 片。

扩展时,可分两步进行:先进行位扩展,再进行字扩展。具体方法如下:

(1) 位扩展

每两片 1024×4 位 ROM 可以组合成 1K×8 位的 ROM(称为 ROM 块),如图 8.5.2 所示。

(2) 字扩展

在位扩展的基础上,用 4 个 1K×8 位的 ROM 块进行字扩展,就可以组成容量为 4K×8 位的存储器系统。由于 4K 容量的存储器系统需要 12 位地址,而每片 ROM 本身有 10 根地址线,所以需要增加 2 根地址线。用增加的 2 根地址线通过译码器产生 4 个片选信号,分别控制 4 个 1K×8 位的 ROM 块,从而实现字数的扩展,如图 8.5.3 所示。

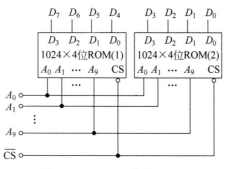

图 8.5.2　1K×8 位的 ROM

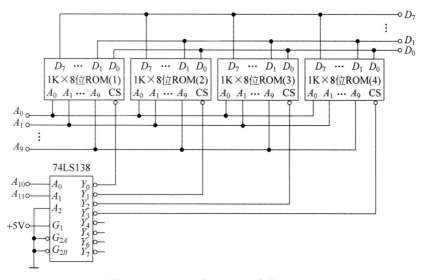

图 8.5.3　4K×8 位的 ROM 存储器系统

## 8.6　习题解答

8.1　字数：$2^6$，字长：8，存储容量：$2^6 \times 8 = 64 \times 8$。

8.2　题图 8.2 所示电路为六管（$T_1 \sim T_6$）CMOS 静态存储单元，其中 $T_1 \sim T_4$ 构成基本锁存器，作为数据存储单元。$T_1$ 导通、$T_2$ 截止为 1 状态，$T_2$ 导通、$T_1$ 截止为 0 状态。$T_5$、$T_6$ 是锁存器与位线之间的门控管，由行选择线 $X_i$ 控制其导通或截止，当 $X_i = 1$ 时，$T_5$、$T_6$ 导通，锁存器输出端与位线接通。当 $X_i = 0$ 时，$T_5$、$T_6$ 截止，锁存器输出端与位线断开。$T_7$、$T_8$ 是每一列存储单元共用的门控管，其导通与截止受列选线 $Y_j$ 控制，用来控制位线与数据线之间的连接状态，当 $Y_j = 1$ 时，$T_7$、$T_8$ 导通，位线与数据线接通。当 $Y_j = 0$ 时，$T_7$、$T_8$ 截止，位线与数据线断开。只有当存储单元所在的行、列对应的 $X_i$、$Y_j$ 线均为 1 时，该单元才与数据线接通，进行读、写操作，这种情况称为选中状态。

8.3　（1）$2^{16} \times 1$ 个存储单元，至少需要 16 条地址线和 1 条数据线。

(2) $2^{18} \times 4$ 个存储单元,至少需要 18 条地址线和 4 条数据线。

(3) $2^{20} \times 1$ 个存储单元,至少需要 20 条地址线和 1 条数据线。

(4) $2^{17} \times 8$ 个存储单元,至少需要 17 条地址线和 8 条数据线。

8.4 (1)$(7FF)_H$ (2)$(3FFF)_H$ (3)$(3FFFF)_H$

8.5 存储矩阵的连线图如解图 8.5 所示。

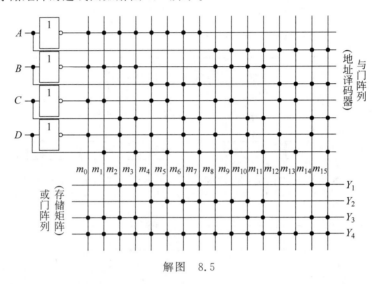

解图 8.5

8.6 存储矩阵的连线图如解图 8.6 所示。

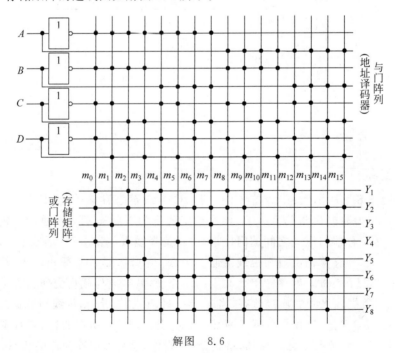

解图 8.6

8.7　扩展的存储器系统如解图 8.7 所示。

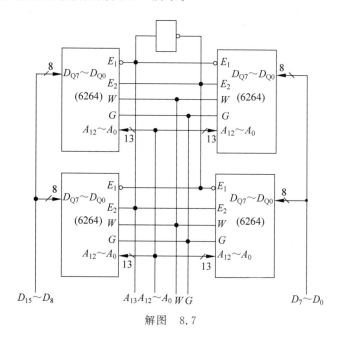

解图　8.7

8.8　对于 D/A 转换器来说，有

$$U_O = -\frac{R_f V_{REF}}{R}(2^3 D_3 + 2^2 D_2 + 2^1 D_1 + 2^0 D_0)$$

$$= -K(2^3 D_3 + 2^2 D_2 + 2^1 D_1 + 2^0 D_0)$$

其中 $K = \dfrac{R_f V_{REF}}{R}$。

输出电压随 CP 脉冲变化的波形如解图 8.8 所示。

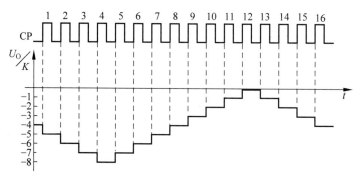

解图　8.8

## 8.7 自评与反思

# 第9章

# 数模与模数转换电路

本章主要学习数模和模数转换的基本原理和常见的转换电路,通过学习,读者熟悉两种转换器的主要参数,能够正确选择和使用数模和模数转换器。

## 9.1 学习要求

本章各知识点的学习要求如表 9.1.1 所示。

表 9.1.1 第 9 章学习要求

| 知 识 点 | | 学习要求 | | |
| --- | --- | --- | --- | --- |
| | | 熟练掌握 | 正确理解 | 一般了解 |
| D/A 转换器 | D/A 转换器的基本原理 | | √ | |
| | 倒 T 形电阻网络 D/A 转换器 | √ | | |
| | 权电流型 D/A 转换器 | | √ | |
| | D/A 转换器的主要技术指标 | | √ | |
| | 集成 D/A 转换器及其应用 | | √ | |
| A/D 转换器 | A/D 转换器的基本原理 | | √ | |
| | 并行比较型 A/D 转换器 | √ | | |
| | 逐次逼近型 A/D 转换器 | | √ | |
| | 双积分型 A/D 转换器 | | √ | |
| | A/D 转换器的主要技术指标 | | √ | |
| | 集成 A/D 转换器及其应用 | | √ | |

## 9.2 要点归纳

### 9.2.1 D/A 转换器

1. D/A 转换器(DAC)的定义:D/A 转换器是将输入数字量转换为与之成正比的输出模拟量的电路。

2. D/A 转换器的种类:常见的有倒 T 形电阻网络 D/A 转换器、权电流型 D/A 转换器、权电阻型 D/A 转换器等。

在单片集成 D/A 转换器中,使用最多的是 $R/2R$ 倒 T 形电阻网络 D/A 转换器。

以 4 位倒 T 形电阻网络 D/A 转换器为例,其原理图如图 9.2.1 所示。图中输入量为 4 位数字量 $D_3D_2D_1D_0$;输出量是模拟电压量 $u_O$;$U_{REF}$ 为参考电压,决定着电路输出模拟量的满度值;图中 $S_3$、$S_2$、$S_1$、$S_0$ 为电子开关,$R/2R$ 电阻网络呈倒 T 形连接,实现按权分流；运算放大器 A 构成电流电压转换电路。

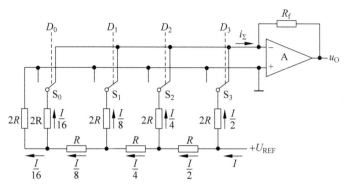

图 9.2.1　倒 T 形电阻网络 D/A 转换器

输出 $u_O$ 的表达式为

$$u_O = -i_{\sum} R_f = -\frac{R_f}{R} \frac{U_{REF}}{2^4} \sum_{i=0}^{3} (D_i 2^i)$$

若将输入数字量扩展到 $n$ 位，可得 $n$ 位倒 T 形电阻网络 D/A 转换器输出模拟量与输入数字量之间的一般关系式为

$$u_O = -\frac{R_f}{R} \frac{U_{REF}}{2^n} \left[ \sum_{i=0}^{n-1} (D_i 2^i) \right]$$

若用系数 $K$ 表示上式中的 $\frac{R_f}{R} \frac{U_{REF}}{2^n}$，中括号中的 $n$ 位二进制数用 $N_B$ 表示，则上式可表示为

$$u_O = -K N_B$$

可见，电路中输入的每一个二进制数 $N_B$，均能在其输出端得到与之成正比的模拟电压 $u_O$。

3. D/A 转换器的主要技术指标：分辨率、转换误差与转换精度、建立时间与转换速率、温度系数等。

(1) 分辨率定义为输入数字量的最低有效位(LSB)发生一次变化时，所对应的输出模拟量的变化量。此外，也可以用能分辨的最小输出电压与最大输出电压之比来定义分辨率。

(2) 转换误差与转换精度。

转换误差——D/A 转换器实际输出的模拟电压值与理论值之差，常用最低有效位的倍数表示。例如，转换误差小于 1LSB，是指实际输出的模拟电压值与理论值之差小于分辨率电压值。D/A 转换器的转换误差分为失调误差、增益误差、非线性误差等，产生误差的主要原因有：电阻网络中电阻参数值的偏差、基准电压 $U_{REF}$ 不够稳定及运算放大器的零漂等。

转换精度分为绝对精度和相对精度：

绝对精度——对于给定的满度数字量(输入数字量全为 1 时),D/A 转换器实际输出的模拟电压值与理论值之间的误差。通常这种误差应低于 LSB/2。

相对精度——任意数字量的模拟输出量与它的理论值之差同满度值之比。

(3) 建立时间与转换速率。这是描述 D/A 转换器转换速度的参数。建立时间定义为输入的数字量从全 0 变为全 1 时,输出电压达到满量程终值(误差范围 ±LSB/2)所需的时间。有时也用 D/A 转换器每秒的最大转换次数来表示转换速度。例如某 D/A 转换器的转换时间为 1μs 时,也称转换速率为 1MHz。

(4) 温度系数。温度系数是指在输入不变的情况下,输出模拟电压随温度变化产生的变化量。一般用满刻度输出条件下温度每升高 1℃,输出电压变化的百分数作为温度系数。

## 9.2.2 A/D 转换器

### 1. A/D 转换器(ADC)的定义

A/D 转换器是将输入模拟量转换为与之成正比的输出数字量的电路。一般要经过采样、保持、量化和编码 4 个步骤来完成。

(1) 采样定理。采样的时间间隔越短,即采样频率越高,采样后的信号越能正确地复现模拟信号 $u_I$。合理的采样频率必须满足 $f_s \geqslant 2f_{imax}$,其中,$f_s$ 为采样频率,$f_{imax}$ 为输入被采样信号的最高频率分量的频率,这就是采样定理。

(2) 将采样所得的电压转换为相应的数字量还需要一定的时间,为了给后边的量化和编码电路提供一个稳定值,必须把采样的样值保持一段时间,这就是所谓的保持。

### 2. A/D 转换器的种类

常见的有并行比较型 A/D 转换器、逐次逼近型 A/D 转换器(也称为逐次比较型 A/D 转换器)、双积分型 A/D 转换器等。

并行比较型 A/D 转换器转换速度最快,但不易制成分辨率较高的电路;逐次逼近型 A/D 转换器的转换速度较快、精度较高,综合性能较好;双积分 A/D 转换器具有很强的抗工频干扰能力,且对元器件的要求较低,成本低,但突出缺点是工作速度低。

### 3. A/D 转换器的主要技术指标

(1) 分辨率。A/D 转换器的分辨率以输出二进制(或十进制)数的位数表示。它表明 A/D 转换器对输入信号的分辨能力。例如 A/D 转换器输出为 8 位二进制数,输入信号最大值为 5V,那么这个转换器应能区分输入信号的最小电压为 $\dfrac{5}{2^8}V = 19.53mV$。能分辨输入信号的最小电压称为量化单位。可见,输出位数越多,量化单位越小,分辨率越高。

（2）转换误差。转换误差表示 A/D 转换器实际输出的数字量和理论上的输出数字量之间的差别，通常是以相对误差的形式给出，常用最低有效位的倍数表示。例如给出相对误差≤±LSB/2，这表明实际输出的数字量和理论上应得到的输出数字量之间的误差小于最低位的半个字。

（3）转换时间和转换率。完成一次 A/D 转换所需的时间称为转换时间，转换时间的倒数称为转换率。例如转换时间为 $100\mu s$，则转换率为 $10kHz$。

## 9.3 难点释疑

1. 在 A/D 转换过程中，什么情况下需要用采样-保持电路？

**答**：在 A/D 转换过程中，需要保证输入的模拟电压保持不变，若转换过程中输入电压发生变化，则不能保证转换精度。因此，在输入的模拟电压信号变化较快或 A/D 转换的速度较慢时，就需要采样-保持电路。例如，双积分型 A/D 转换的速度较慢，在转换过程中要求保持输入电压不变，因此需要采样-保持电路。

2. 在实际应用中，如何选用集成 DAC 芯片？

**答**：在实际应用中，进行集成 DAC 选型时，并不是任何时候都选择尽量高的技术指标就好，而是要根据实际需要来确定。

（1）DAC 的分辨率需根据 CPU、单片机或其他处理器的数据处理位数选择。例如，对于 8 位处理系统，要进行数模转换的数字量自然是 8 位，选用 8 位 DAC 即可，如果使用更高分辨率的 DAC，就会造成资源的浪费。

（2）一般而言，DAC 的转换误差越小越好，即选择高精度的 DAC、运放和参考电压源等，但这同时会带来器件成本的提高。因此，实际选型时，要根据实际需求对输出模拟量的精度要求来确定 DAC 的精度，合适即可。

（3）DAC 的转换速度可根据整个系统的时序要求确定，并不是越快越好，符合要求即可。

（4）除了上述主要参数外，选型时还需要注意输入数字量的特征（TTL 电平规范或 CMOS 电平规范）、输出端负载特性、参考电源要求、芯片接口特性以及电源电压、功耗、工作温度范围等参数。

3. 在实际应用中，如何选用集成 ADC 芯片？

**答**：与集成 DAC 芯片选型类似，集成 ADC 芯片选型时，需要根据 CPU、单片机或其他处理器的数据处理位数来确定合适的分辨率，综合考虑转换误差和经济性选择性价比更高的 ADC，基于整个系统的时序要求选择合适的转换速度。除此之外，还需考虑以下因素：

（1）输入模拟信号的特征，包括输入模拟信号的变化范围，单极性还是双极性，信号受干扰情况等。

（2）输出数字信号的特征，包括码制（二进制或十进制）、格式（串行输出或并行输出）、输出电平规范、输出方式（三态输出、缓冲或锁存要求等）等。

（3）ADC 正常工作对参考电压、控制信号和时序的要求以及对电源电压、功耗、工作温度范围等要求。

（4）对于尺寸有严格要求的设计，还需要考虑芯片封装方式、体积尺寸。同时，根据信号性质，尽可能选择一些专用型 ADC 芯片。例如，语音信号处理系统（如手机）、视频处理系统中，一般要选用专用的音频、视频 ADC 芯片，这些芯片大多集成了必要的信号处理电路、存储单元电路等，可大大降低整个系统的复杂程度和设计成本。

## 9.4 重点剖析

**【例 9.1】** 集成 D/A 转换器 5G7520 如例图 9.1 所示。其中包括倒 T 形电阻网络、电子开关及反馈电阻 $R_f$，要构成完整的 D/A 转换器需要外接 $U_{REF}$ 及运算放大器。

（1）请写出图示电路中输出模拟电压 $u_O$ 与输入数字量 $D_9 \sim D_0$ 的转换关系。

（2）若 $R_f = R$，$U_{REF} = 5\mathrm{V}$，$D_9 \sim D_0 = (1100000000)_B$，求 $u_O$ 的值。

（3）试求电路的分辨率。

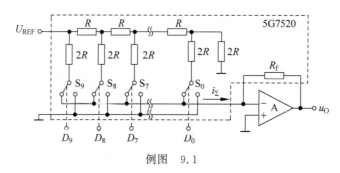

例图 9.1

**解**：（1）5G7520 输入 10 位数字量 $D_9 \sim D_0$，输出模拟电压 $u_O$ 与 $D_9 \sim D_0$ 的转换关系为 $u_O = -\dfrac{U_{REF} R_f}{2^n R} \sum_{i=0}^{n-1} D_i 2^i = -\dfrac{U_{REF} R_f}{2^{10} R} \sum_{i=0}^{9} D_i 2^i$

（2）若 $R_f = R$，$U_{REF} = 5\mathrm{V}$，$D_9 \sim D_0 = (1100000000)_B$，则

$$u_O = -\frac{U_{REF} R_f}{2^{10} R} \sum_{i=0}^{9} D_i 2^i = -\frac{5}{1024} \times 768 = -3.75\mathrm{V}$$

（3）电路的分辨率：$\dfrac{1}{2^n - 1} = \dfrac{1}{2^{10} - 1} = \dfrac{1}{1023} \approx 9.8 \times 10^{-4}$

**【例 9.2】** 4 位逐次逼近型 A/D 转换器如例图 9.2-1 所示，请按下列要求完成题目：

（1）设 $U_{REF} = 5\mathrm{V}$，$u_I = 2.98\mathrm{V}$，画出在时钟脉冲作用下 $u'_O$ 的波形并写出转换结果。

（2）已知时钟频率为 500kHz，则完成一次转换所需时间是多少？

**解**：（1）例图 9.2-1 中 D/A 转换器的输出电压为 $u'_O = \dfrac{V_{REF}}{2^n} \sum_{i=0}^{n-1} D_i 2^i = \dfrac{5}{2^4} \sum_{i=0}^{3} D_i 2^i$

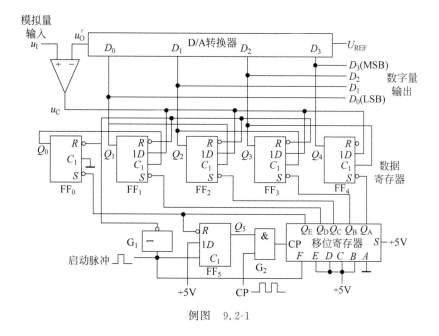

例图 9.2-1

第 1 个 CP 脉冲作用下,$D_3D_2D_1D_0 = 1\,000$,$u'_O = \dfrac{5}{16} \times 8 = 2.50\text{V}$,$u_I = 2.98\text{V}$,$u_I >$ $u'_O$,产生比较结果 $u_C = 1$。

第 2 个 CP 脉冲作用下,将刚才的结果 $u_C = 1$ 存入 $FF_4$,使 $D_3 = Q_4 = 1$,这时: $D_3D_2D_1D_0 = 1100$,$u'_O = \dfrac{5}{16} \times 8 + \dfrac{5}{16} \times 4 = 3.75\text{V}$,$u_I = 2.98\text{V}$,$u_I < u'_O$,产生比较结果 $u_C = 0$。

第 3 个 CP 脉冲作用下,将刚才的结果 $u_C = 0$ 存入 $FF_3$,使 $D_2 = Q_3 = 0$,这时: $D_3D_2D_1D_0 = 1010$,$u'_O = \dfrac{5}{16} \times 8 + \dfrac{5}{16} \times 2 \approx 3.13\text{V}$,$u_I = 2.98\text{V}$,$u_I < u'_O$,产生比较结果 $u_C = 0$。

第 4 个 CP 脉冲作用下,将刚才的结果 $u_C = 0$ 存入 $FF_2$,使 $D_1 = Q_2 = 0$,这时: $D_3D_2D_1D_0 = 1001$,$u'_O = \dfrac{5}{16} \times 8 + \dfrac{5}{16} \times 1 \approx 2.81\text{V}$,$u_I = 2.98\text{V}$,$u_I > u'_O$,产生比较结果 $u_C = 1$。在第 5 个 CP 脉冲作用下,可将其存入 $FF_1$,使 $D_0 = Q_1 = 1$。

5 个 CP 脉冲过后,4 位逐次逼近型 A/D 转换器完成一次转换。由 $Q_4Q_3Q_2Q_1$ $(D_3D_2D_1D_0)$ 端得到与 $u_I = 2.98\text{V}$ 成正比的转换结果 1001。

在时钟脉冲作用下 $u'_O$ 的波形如例图 9.2-2 所示。

(2) 逐次逼近型 A/D 转换器输出数字量的位数为 $n = 4$,则完成一次转换所需时间是

$$T = (n+1)T_{CP} = 5 \times \frac{1}{5 \times 10^5} = 10\,\mu\text{s}$$

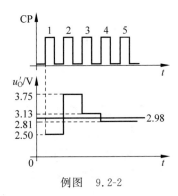

例图　9.2-2

## 9.5　同步自测

### 9.5.1　同步自测题

一、填空题

1. DAC 和 ADC 的主要技术指标是_____、_____和_____。

2. 一个 8 位 DAC 的最小输出电压增量为 0.02V,当输入为 11001000 时,输出电压为_____V。

3. 某工业控制系统需要一个 DAC,若系统要求 DAC 的分辨率优于 0.5%,则应选至少_____位的 DAC。

4. 根据采样定理,采样频率 $f_s$ 至少是被采样信号最高频率 $f_{imax}$ 的_____。

5. 若要将一个最大幅度为 5.1V 的模拟信号转换为数字信号,要求输入每变化 20mV,输出信号的最低位(LSB)发生变化,应选用_____位 ADC。

二、选择题

1. 在 10 位 DAC 中,其分辨率为(　　)。

A. 1/2　　　　　　B. 1/10　　　　　　C. 1/1024　　　　　D. 1/1023

2. $n$ 位二进制的 ADC 可分辨出满量程值(　　)的输入变化量。

A. $1/(2^n+1)$　　B. $1/2^n$　　　　　C. $1/(2^n-1)$　　D. $1/2^{n+1}$

3. 若要将一个最大幅度为 7.99V 的模拟信号转换为数字信号,要求 ADC 的分辨率小于 10mV,则最少应选用(　　)位 ADC。

A. 4　　　　　　　B. 8　　　　　　　C. 10　　　　　　　D. 12

4. 若一个 10 位二进制 DAC 的满刻度输出电压 $U_{Omax}=10.23$V,当输入为 1100000010 时,输出电压为(　　)V。

A. 3.86　　　　　　B. 7.7　　　　　　C. 5.14　　　　　　D. 6.42

5. 以下不属于 A/D 转换器组成部分的电路是(　　)。

A. 采样-保持电路　　B. 量化电路　　　　C. 编码电路　　　　D. 译码电路

## 三、分析设计题

1. 在图 9.2.1 所示的倒 T 形电阻网络 D/A 转换器中,已知 $R_f = R = 10k\Omega$,$U_{REF} = 10V$。试求:

(1) $u_O$ 的输出范围;

(2) 当 $D_3D_2D_1D_0 = 0110$ 时,$u_O$ 的值为多少伏。

2. 现需设计一数据采集系统,原理图如图 9.5.1 所示。8 选 1 模拟开关芯片用于轮流选取一路输入模拟信号($I_0 \sim I_7$),该芯片有 3 个地址选择端($A_0 \sim A_2$),3 位地址选择信号是 8 个二进制编码,由 3 位二进制加法器获得。用一片 A/D 转换器按相同时间间隔采集 8 路模拟信号,每路信号的最高频率为 5kHz,若 A/D 转换器的输出全为 1,则所对应的输入电压为 10V,且要求此时 A/D 转换器能分辨 0.0025V 的电压变化。

(1) 确定所选 A/D 转换器的转换时间;

(2) 确定所选 A/D 转换器的位数。

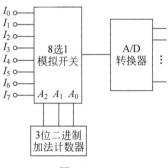

图 9.5.1

## 9.5.2　同步自测题参考答案

### 一、填空题

1. 分辨率,转换误差或转换精度,转换时间或转换速率

2. 4.00　　3. 8　　4. 2　　5. 8

### 二、选择题

1～5　D、C、C、B、D

### 三、分析设计题

1. **解**:(1) 当输入全 1 时,$u_O = -\dfrac{15}{16} \times 10 = -9.375V$。因此,$u_O$ 的范围为 0～

$-9.375\mathrm{V}$。

(2) 当 $D_3D_2D_1D_0=0110$ 时，$u_O=-\dfrac{6}{16}\times10=-3.75\mathrm{V}$。

2. **解**：

(1) 根据采样定理，A/D 转换器的采样频率可选为 $f=2\times5\mathrm{kHz}=10\mathrm{kHz}$。转换时间 $T=0.1\mathrm{ms}$。

(2) 根据 A/D 转换器分辨率的定义有

$$\frac{10\mathrm{V}}{2^n-1}\leqslant0.0025\mathrm{V}$$

可求得 A/D 转换器的位数应选为 12 位。

## 9.6　习题解答

9.1　该转换器输入二进制数字量的位数为 12。

9.2　最小分辨电压：$5\mathrm{mV}$，分辨率：$\dfrac{1}{1023}\approx9.8\times10^{-4}$。

9.3　$U_O\approx-5.47\mathrm{V}$

9.4　(1) 输出电压的取值范围：$0\sim-\dfrac{1023}{1024}U_{\mathrm{REF}}$　(2) $U_{\mathrm{REF}}=-10\mathrm{V}$

9.5　(1) $u_O=-\dfrac{U_{\mathrm{REF}}R_{\mathrm{f}}}{R}\displaystyle\sum_{i=0}^{n-1}D_i2^i$　(2) $u_O=40\mathrm{V}$

9.6　D/A 转换器的转换关系：$u_O=\dfrac{U_{\mathrm{REF}}R_{\mathrm{f}}}{R_12^n}\displaystyle\sum_{i=0}^{n-1}D_i2^i=\dfrac{U_{\mathrm{REF}}R_{\mathrm{f}}}{R_12^{10}}\displaystyle\sum_{i=0}^{9}D_i2^i=K\displaystyle\sum_{i=0}^{9}D_i2^i$

当 D/A 转换器的输入为 $(000)_{\mathrm{H}}$ 时，$\dfrac{u_O}{K}=0$，……，当 D/A 转换器的输入为 $(3\mathrm{FF})_{\mathrm{H}}$ 时，$\dfrac{u_O}{K}=1023$。

$S=0$ 时，加法计数；$S=1$ 时，减法计数。对应 D/A 转换器的输出波形见解图 9.6。

阶梯波的重复周期：$T=2^{10}T_{\mathrm{CP}}=1024\times10^{-6}\approx1\mathrm{ms}$。

9.7　在 A/D 转换过程中，取样保持电路的作用是：对输入的模拟信号在一系列选定的瞬间取样，并在随后的一段时间内保持取样值，以便 A/D 转换器把这些取样值转换为输出的数字量。

解图 9.7 表示出的是两种量化方法。其中解图 9.7(a) 的最大量化误差为 $\Delta$。解图 9.7(b) 的最大量化误差为 $\Delta/2$。

把量化的数值用二进制代码表示，称为编码。这个二进制代码就是 A/D 转换的输出结果。例如：要把 $0\sim+1\mathrm{V}$ 的模拟电压信号转换成 3 位二进制代码，这时便可以取 $\Delta=(1/8)\mathrm{V}$，并规定凡数值在 $0\sim(1/8)\mathrm{V}$ 的模拟电压都当作 $0\times\Delta$ 看待，用二进制的 000 表示；凡数值在 $(1/8)\mathrm{V}\sim(2/8)\mathrm{V}$ 的模拟电压都当作 $1\times\Delta$ 看待，用二进制的 001

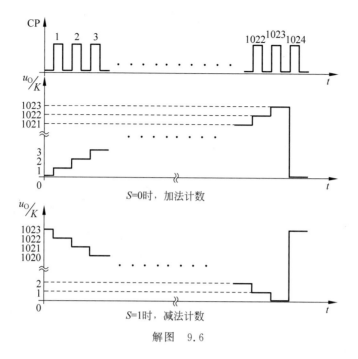

解图　9.6

模拟电平　二进制代码　代表的模拟电平　　模拟电平　二进制代码　代表的模拟电平

(a)　　　　　　　　　　　　　(b)

解图　9.7

表示，……，如解图 9.7(a)所示。其中的 8 组二进制代码即为对应的量化值的编码。

9.8　在时钟脉冲作用下 $u_{\rm O}'$ 的波形如解图 9.8 所示。由 $Q_3Q_2Q_1Q_0$ 端得到与 $u_{\rm I}=8.26{\rm V}$ 成正比的转换结果为 1101。

9.9　完成一次转换所需时间是：$T=(n+1)T_{\rm CP}=11\,\mu{\rm s}$。

如果要求完成一次转换的时间小于 $100\,\mu{\rm s}$，时钟频率应大于 $110{\rm kHz}$。

9.10　(1) 第一次积分时间：$T_1=0.1{\rm s}$；

(2) 积分器的最大输出电压：$|u_{\rm Omax}|=5{\rm V}$；

(3) 输入电压 $u_{\rm I}$ 的平均值：$u_{\rm I}=5{\rm V}$。

9.11　最高的转换频率表达式：$f_{\max}=\dfrac{1}{2\times T_1}=\dfrac{1}{2\times 2^n\times T_{\rm CP}}$。

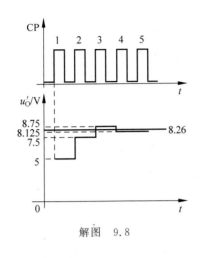

解图 9.8

9.12　在双积分型 A/D 转换器中,输入电压 $u_I$ 和参考电压 $U_{REF}$ 在极性上应相反,数值上应满足 $|u_I| < |U_{REF}|$。

若 $|u_I| > |U_{REF}|$,会使第二次积分时间 $T_2$ 大于第一次积分时间 $T_1$,从而使第二次积分时的计数值大于 $2^n$,这一数字量不再与输入模拟电压成正比,所以不能完成正常的模数转换。

9.13　在应用 A/D 转换器做模数转换过程中应注意以下主要问题:

(1) 了解各控制信号的转换时序。

(2) 调节零点和满刻度值。

(3) 根据输入电压的动态范围,调节与之相适应的参考电压,以保证一定的转换精度。

(4) 正确地接地。

如某人用满度为 10V 的 8 位 A/D 转换器对输入信号为 0.5V 范围内的电压进行模数转换,是不正确的。因为此时的输入电压动态范围远小于满度值,不能保证转换精度。

## 9.7 自评与反思

# 第10章

## 可编程逻辑器件

本章主要学习可编程逻辑器件的基本特征和编程原理,及其所涉及的编程软件。

## 10.1　学习要求

本章各知识点的学习要求如表 10.1.1 所示。

表 10.1.1　第 10 章学习要求

| 知　识　点 | | 学习要求 | | |
|---|---|---|---|---|
| | | 熟练掌握 | 正确理解 | 一般了解 |
| PLD 的基本概念 | PLD 的结构与分类 | | | √ |
| | PLD 的电路表示方法 | | | √ |
| 低密度 PLD | PLA | | | √ |
| | PAL | | √ | |
| | GAL | | √ | |
| 高密度 PLD | CPLD | | √ | |
| | FPGA | | √ | |
| 硬件描述语言 Verilog HDL | PLD 开发软件 | | | √ |
| | Verilog HDL 语法 | | | √ |
| | Verilog HDL 应用 | | | √ |

## 10.2　要点归纳

### 10.2.1　低密度 PLD

ROM 是第一代可以实际使用的 PLD。ROM 之后研制出来的低密度 PLD 包括 PLA、PAL 和 GAL 三种类型。

(1) PLA(Programmable Logic Array)是针对 ROM 的缺点于 20 世纪 70 年代中期研制出来的,它不仅或阵列可编程,与阵列也可编程,即与阵列的内容不再是固定的,而是完全按照用户使用的要求来设计。PLA 制造工艺复杂,工作速度不够高。由于器件制造和开发软件设计比较困难,PLA 未能被广泛使用。

(2) PAL(Programmable Array Logic)是在 PLA 之后于 20 世纪 70 年代后期出现的一种 PLD。它的结构是与阵列可编程,而或阵列固定,这种结构可使得编程比较简单。为了满足不同用户的要求,PAL 有专用输出结构、可编程 I/O 结构、带反馈的寄存器输出结构、异或型输出结构等各种不同的输出结构,可以方便地实现各种组合逻辑电路和时序逻辑电路。

(3) GAL(Generic Array Logic)基本上沿袭了 PAL 的结构,与阵列可编程,而或阵列固定。与 PAL 不同的是,GAL 用可编程的输出逻辑宏单元(Output Logic Macro Cell, OLMC)代替了固定输出结构。用户可对 OLMC 自行组态,以构成不同的输出结构,因而 GAL 使用起来比 PAL 更灵活。

### 10.2.2 高密度 PLD

(1) CPLD。CPLD 通过增加内部连线,对输出逻辑宏单元结构和可编程 I/O 控制结构进行改进等技术,采用 CMOS EPROM、$E^2$PROM、Flash 存储器和 SRAM 等编程技术,具有集成度高、可靠性高、保密性好、体积小、功耗低和速度快的优点。所以,CPLD 一经推出就得到了广泛的应用。

(2) FPGA。FPGA 采用逻辑单元阵列 LCA(logic cell array)结构,它由三个可编程基本模块阵列组成:输入/输出块 IOB(input/output block)阵列、可配置逻辑块 CLB (Configurable Logic Block)阵列及可编程互连网络 PI(Programmable Interconnection)。FPGA 比较适合用在需要存储大量数据的、以时序电路为主的数字系统。

(3) 编程方式。高密度 PLD 的编程方式有两种,一种是使用编程器的普通编程方式,另一种是在系统可编程方式。利用在系统可编程技术,用户可通过计算机对可编程器件进行灵活操作和应用。

## 10.3 习题解答

**10.1 答:**根据集成度不同,PLD 可分为低密度 PLD、高密度 PLD。低密度 PLD 的集成度小于 1000 门/每片。它包括 ROM、PLA、PAL 和 GAL。高密度 PLD 的集成度大于 1000 门/每片。它包括 CPLD、FPGA。

按编程工艺划分,有熔丝或反熔丝编程器件、浮栅编程器件、SRAM 编程器件。熔丝或反熔丝编程器件为非易失一次性编程器件。浮栅编程器件属于非易失可重复擦除器件。SRAM 属于易失性随机存取器件。

**10.2 答:**PLD 一般由输入缓冲、与阵列、或阵列和输出结构 4 部分组成。其中与阵列和或阵列用来产生与或形式的函数。输入缓冲电路可以产生输入变量的原变量和反变量并对输入信号整形。输出结构差异很大,可以是组合输出结构、时序输出结构或可编程的输出结构。

低密度 PLD(包括 ROM、PLA、PAL 和 GAL)在其与阵列和或阵列是否可编程及输入/输出的方式上有些细微差别,各种低密度 PLD 的结构特点如解表 10.2 所示。

高密度 PLD 中的 CPLD 使用可编程与阵列和固定的或阵列构成,FPGA 是基于查找表(LUT)的结构组成。

**解表 10.2 各种低密度 PLD 的结构特点**

| 类型 | 阵 列 | | 输 出 方 式 |
| --- | --- | --- | --- |
| | 与 | 或 | |
| ROM | 固定 | 可编程 | 三态、OC |
| PLA | 可编程 | 可编程 | 三态、OC、高电平有效、低电平有效、寄存器 |
| PAL | 可编程 | 固定 | 三态、高电平有效、低电平有效、输入/输出、寄存器 |
| GAL | 可编程 | 固定 | 由用户编程定义 |

10.3　**答**：PROM 的与门固定，或门可编程，无论实际的逻辑函数需要几个最小项，它总是产生 $2^n$ 个。这使得它的芯片利用率较低。

PLA 的与门、或门都是可编程的。它所产生的乘积项的数目小于 $2^n$，且每一个乘积项不一定是全部输入信号的组合，而是根据需要来确定，这有效地提高了芯片利用率，缩小了系统体积。但它制造工艺复杂，工作速度不够高。

10.4　$L_1 = m_1 + m_2 + m_4 + m_5 = \overline{A}\overline{B}C + \overline{A}B\overline{C} + A\overline{B}\overline{C} + A\overline{B}C$

$L_2 = m_0 + m_1 + m_5 + m_6 = \overline{A}\overline{B}\overline{C} + \overline{A}\overline{B}C + A\overline{B}C + AB\overline{C}$

$L_3 = m_2 + m_6 + m_7 = \overline{A}B\overline{C} + AB\overline{C} + ABC$

10.5　$L_1 = A\overline{C} + BC + \overline{B} + \overline{C}$，$L_2 = A\overline{C} + \overline{B} + B + \overline{C}$

10.6　$L = \overline{A}BC + AB\overline{C} + \overline{B}C + \overline{A}\overline{B}C + A\overline{B}\overline{C}$

10.7　状态转换图如解图 10.7 所示。该电路完成同步可逆 3 位二进制计数器的功能。

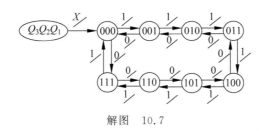

解图　10.7

10.8　用 PROM 实现逻辑函数如解图 10.8-1 所示。用 PLA 实现逻辑函数如解图 10.8-2 所示。

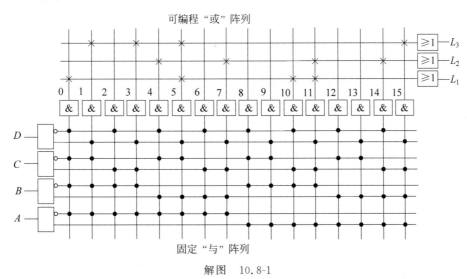

解图　10.8-1

10.9　用 PLA 和 D 触发器设计的 8421BCD 码的十进制加法计数器如解图 10.9 所示。

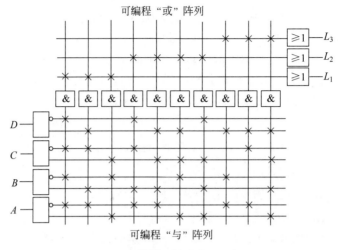

解图 10.8-2

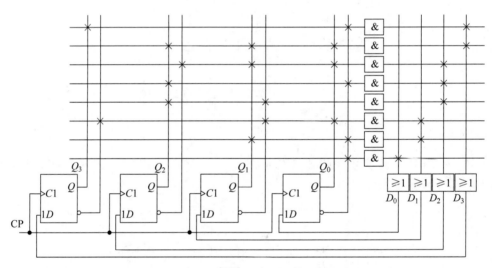

解图 10.9

10.10 3线-8线译码器如解图10.10所示。

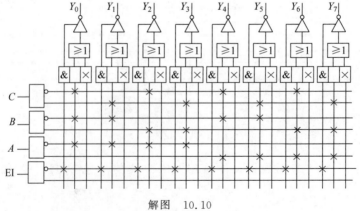

解图 10.10

10.11 驱动方程：$D_2 = Q_1^n Q_0^n$    $D_1 = \overline{Q_1^n} Q_0^n + \overline{Q_0^n} Q_1^n$    $D_0 = \overline{Q_0^n} \overline{Q_2^n}$

状态方程：$Q_2^{n+1} = Q_1^n Q_0^n$    $Q_1^{n+1} = \overline{Q_1^n} Q_0^n + \overline{Q_0^n} Q_1^n$    $Q_0^{n+1} = \overline{Q_0^n} \overline{Q_2^n}$

状态表如解表 10.11 所示。可见为同步五进制计数器。

**解表 10.11**

| 现   态 | | | 次   态 | | |
| --- | --- | --- | --- | --- | --- |
| $Q_2^n$ | $Q_1^n$ | $Q_0^n$ | $Q_2^{n+1}$ | $Q_1^{n+1}$ | $Q_0^{n+1}$ |
| 0 | 0 | 0 | 0 | 0 | 1 |
| 0 | 0 | 1 | 0 | 1 | 0 |
| 0 | 1 | 0 | 0 | 1 | 1 |
| 0 | 1 | 1 | 1 | 0 | 0 |
| 1 | 0 | 0 | 0 | 0 | 0 |

10.12 **答**：CPLD 是在 GAL 基础上发展起来的，其中功能块（也称为逻辑块，LAB）就相当于一个 GAL 器件，CPLD 中有多个功能块，这些功能块通过可编程内部连线 PIA 相互连接，这种连接由软件编程实现。为了增强对输入/输出的控制能力，提高引脚的适应性，CPLD 中还增加了 I/O 控制块，每个 I/O 块中有若干 I/O 单元。CPLD 比较适合用在以控制为主的数字系统。

FPGA 采用逻辑单元阵列 LCA 结构，它由三个可编程基本模块阵列组成：输入/输出块 IOB 阵列、可配置逻辑块 CLB 阵列及可编程互连网络 PI。FPGA 的逻辑单元与 CPLD 不同，它不是使用可编程与阵列或固定的或阵列，而是基于查找表（LUT）的结构。FPGA 的编程可通过非易失方式（反熔丝技术）或易失方式（SRAM 技术）实现。基于 SRAM 技术的 FPGA 必须要配置一块非易失的片内存储器以保存编程数据，在 FPGA 器件每次重新上电后，将片内存储器的数据读出并对 FPGA 重新配置，或者使用片外的存储器存储编程数据，由主机处理器将片外存储器的数据读出后再写入 FPGA。FPGA 比较适合用在需要存储大量数据、以时序电路为主的数字系统。

10.13 **答**：逻辑阵列块 LAB 是 MAX7000S 系列器件中的主体部分，每个 LAB 中包含 16 个宏单元，每个宏单元由可编程的与阵列、固定或阵列和可编程的寄存器组成。LAB 用以实现任意组合及时序逻辑电路。可编程的互连矩阵 PIA 属于全局总线，它可将器件内的任何信号传送到其目的地。

10.14 **答**：FLEX10K 与 MAX7000S 系列之间主要结构的差异是：MAX7000S 系列使用可编程与阵列和固定的或阵列；FLEX10K 系列是基于查找表（LUT）的结构。

各个系列所采用的编程技术的不同是：MAX7000S 系列一般为 $E^2$PMOS 或 Flash 工艺结构，采用 $E^2$PMOS 或 Flash 的编程方式。允许在系统编程，可以直接将文件 JED 下载到器件中，且编程后的信息不会因掉电而丢失；FLEX10K 系列是基于 SRAM 的可编程器件，是易失性的，在接通电源时必须对器件进行重新配置。也可以在线操作。

FLEX10K 系列包含更多的逻辑资源。

10.15

```
module tri_gate(A,Y,EN)
    input A;
    output Y;
    input EN;
    assign Y = EN?!A:1'bZ;
endmodule
```

附录

部分『数字电子技术基础』期末考试试题

## 试题(一)

**一、填空(每空 1 分,本题共 10 分)**

1. 逻辑代数中最基本的运算是_____。

2. 2019 个逻辑 1 进行"异或"运算,其结果等于_____。

3. 两位正的十进制数可采用_____位二进制数表示。

4. $n$ 个逻辑变量所组成的"最小项"的个数是_____。

5. 对于集成 TTL 逻辑门电路,其输入端悬空时,相当于逻辑_____。

6. 对于主从结构的触发器,触发器输出状态的变化在 CP 脉冲的_____。

7. 对于共阳接法的数码管,应选择输出_____电平有效的显示译码器。

8. 利用 4 位移位寄存器构成的环形计数器,其计数器的模等于_____。

9. 同步时序逻辑电路的结构特点是_____。

10. 多谐振荡器的重要应用是_____。

**二、选择题(每小题 2 分,本题共 20 分)**

1. 逻辑函数 $Y=\overline{A \cdot B+\overline{C} \cdot \overline{D}}$ 的反函数是( )。

    A. $\overline{\overline{A} \cdot \overline{B}+C \cdot D}$                       B. $\overline{A+B \cdot \overline{C}+\overline{D}}$

    C. $(\overline{A}+\overline{B})(C+D)$                    D. $\overline{(\overline{A}+\overline{B}) \cdot (C+D)}$

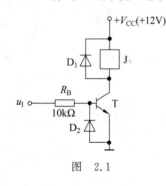

图 2.1

2. 由硅三极管驱动直流继电器的电路如图 2.1 所示,已知直流继电器 J 线圈的直流电阻为 $600\Omega$,三极管的 $I_{CM}=100mA$。输入逻辑信号 $u_I$ 的高电平为 3.3V,低电平为 0.1V。若要求当 $u_I$ 为高电平时,三极管可靠的饱和(设 $U_{CES} \approx 0V$),则要求三极管的 $\beta$ ( )。

    A. $>61$      B. $<61$      C. $>77$      D. $<77$

3. 已知某集成与非门的低电平输入电流为 1.5mA,高电平输入电流为 $10\mu A$,最大灌电流为 15mA,最大拉电流为 $400\mu A$,则其扇出系数 $N$ 等于( )。

    A. 10            B. 5            C. 20           D. 40

4. $N$ 个 D 触发器可以构成寄存( )位二进制数的寄存器。

    A. $N-1$          B. $N$            C. $N+1$          D. $2^N$

5. 由三态逻辑门电路组成的电路如图 2.2 所示,当 $C=0$ 时,该电路的输出 $L$ 为( )。

    A. 高阻 $Z$      B. $\overline{A}$            C. $\overline{B}$          D. $\overline{A} \cdot \overline{B}$

6. 由 OC 逻辑门电路组成的电路如图 2.3 所示,当 $A=1$ 时,电路的输出 $Y$ 为( )。

    A. $\overline{C \cdot D}$      B. $+V_{CC}$         C. $\overline{B} \cdot \overline{C} \cdot \overline{D}$      D. $\overline{B} \cdot \overline{C \cdot D}$

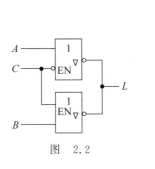

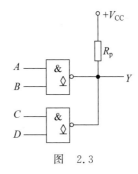

图 2.2                    图 2.3

7. 对于一个 JK 触发器,若要实现 $Q^{n+1}=\bar{Q}^n$ 功能,则 JK 触发器的输入端应为( )。

   A. $J=0,K=0$      B. $J=0,K=1$      C. $J=1,K=0$      D. $J=1,K=1$

8. 由集成 555 定时器组成的电路如图 2.4 所示,其该电路的电压传输特性为( )。

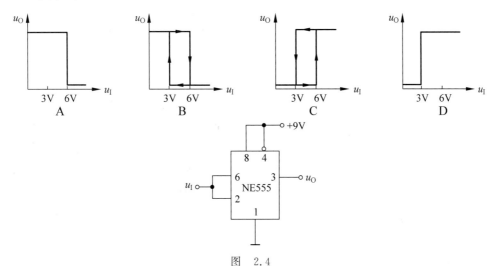

图 2.4

9. 某存储容量为 8K×8 位的 ROM 存储器,其地址线为( )条。

   A. 8             B. 12            C. 13            D. 14

10. 一个 8 位 D/A 转换器的最小电压增量为 0.01V,当输入二进制数为 10010001 时,输出电压为( )V。

   A. 1.28          B. 1.54          C. 1.45          D. 1.56

## 三、电路分析(本题共 6 分)

由集成触发器组成的电路如图所示,CP 及 $A$ 端的输入信号波形如图 3 所示。设触发器的初始状态为"0",试画出触发器输出端 $Q_1$、$Q_2$ 的波形。

## 四、电路分析与设计(本题共 12 分)

由一位二进制数半加器组成的电路如图 4.1 所示,其中 $S$ 是相加的和,CO 是向高位

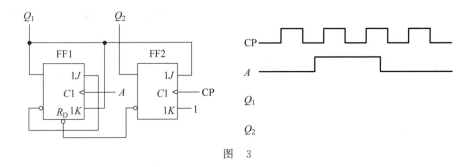

图 3

的进位。试分析下列问题。

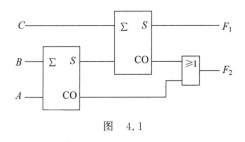

图 4.1

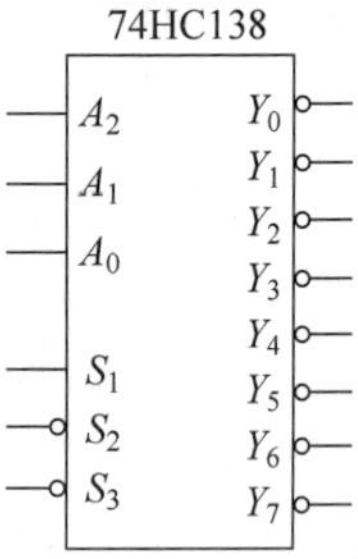

1. 列出该电路的真值表。（3分）

2. 说明该电路的功能。（2分）

3. 若将上述电路采用中规模集成模块二进制 3/8 译码器 74HC138 和基本逻辑门电路实现，试画出设计的电路图。74HC138 译码器的逻辑符号如图 4.2 所示，其中 $S_1 \sim S_3$ 是使能端，$A_2 \sim A_0$ 是二进制代码输入端，$Y_0 \sim Y_7$ 是输出端。（7分）

**五、电路设计（本题共 14 分）**

设 $ABCD$ 是一个 8421BCD 代码，试设计一个能对该代码检测的逻辑电路，其要求是：当 $ABCD \leqslant 2$ 或者 $ABCD \geqslant 7$ 时，电路的输出 $L$ 为高电平，否则为低电平。

1. 画出该逻辑电路的卡诺图。（4分）

2. 求解该电路逻辑函数的最简与或表达式。（2分）

3. 画出全部采用"与非门"实现的逻辑电路图。（3分）

4. 如果采用集成"8 选 1"多路数据选择器 74LS151 实现该代码检测电路，试画出设计的电路图，74LS151 的逻辑符号如图 5 所示。（5分）

**六、电路分析（本题共 14 分）**

由 D 触发器组成的时序逻辑电路如图 6 所示，试分析：

1. 写出电路的驱动方程和输出方程。（4分）

图 4.2

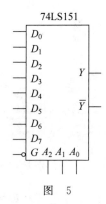

图 5

2. 求出电路的状态方程。（3分）

3. 列写出该电路的状态转换真值表（设电路的初始状态为000）。（4分）

4. 检查该电路能否自启动。（3分）

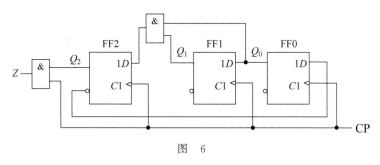

图 6

七、电路分析与设计（本题共16分）

集成同步十进制加法计数器74LS160的功能表如表7所示。74LS160组成的逻辑电路如图7.1所示，其中RCO是进位输出，且RCO＝$Q_3 \cdot Q_0 \cdot$ET，试完成如下问题。

表7 74LS160 功能表

| 清零 | 预置 | 使能 | | 时钟 | 预置数据输入 | 输出 |
|---|---|---|---|---|---|---|
| $R_D$ | $L_D$ | EP | ET | CP | $D_3\ D_2\ D_1\ D_0$ | $Q_3\ Q_2\ Q_1\ Q_0$ |
| 0 | × | × | × | × | × × × × | 0 0 0 0 |
| 1 | 0 | × | × | ↑ | $d_3\ d_2\ d_1\ d_0$ | $d_3\ d_2\ d_1\ d_0$ |
| 1 | 1 | 0 | × | × | | 保持 |
| 1 | 1 | × | 0 | × | × × × × | 保持 |
| 1 | 1 | 1 | 1 | ↑ | × × × × | 十进制加计数 |

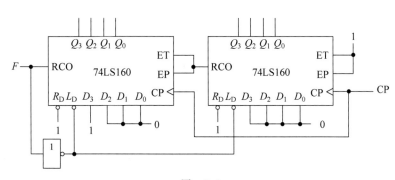

图 7.1

1. 试分析该电路是几进制的计数器。（4分）

2. 假设CP脉冲的频率是20kHz，求F信号的频率。若要在示波器上稳定地观察出F信号和CP脉冲的波形及关系，试简述采用电子仪器的操作方法。（4分）

3. 现有四盏彩灯$L_1$、$L_2$、$L_3$、$L_4$，该四盏彩灯由一个控制器控制，其方框图如图7.2

所示。要求控制器实现的控制花样如下：①$L_1 \sim L_4$ 全灭→②$L_1 L_2$ 灭，$L_3 L_4$ 亮→③$L_1 L_2$ 亮，$L_3 L_4$ 灭→④$L_1$ 灭，$L_2 L_3 L_4$ 亮→⑤$L_1$ 亮，$L_2 L_3 L_4$ 灭→⑥$L_1 \sim L_4$ 全亮→①…… 依次循环。试采用74LS160和集成逻辑门电路设计该控制器，要求描述必要的方法、步骤，并画出设计的电路图。（8分）

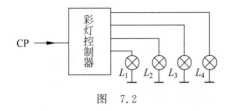

图 7.2

八、电路应用(本题共8分 )

由555定时器组成的防盗报警器电路如图8所示。当有人破门而入时，电路中a、b之间的导线会被撞断。

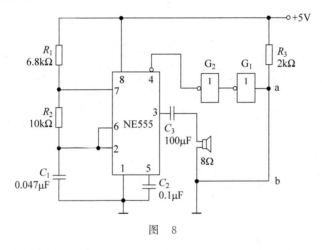

图 8

1. 试简述该防盗报警器的工作原理。（2分）

2. 根据图中给出的参数，计算电路报警信号的频率 $f_1$。（3分）

3. 在安装调试该报警器电路时，发现该电路输出报警的声音不够尖锐，于是有人通过可调电位器将一可变电压 $U_I$ 施加在 555 定时器的 5 脚上，电路的其他参数不变。计算当 $U_I = 2V$ 时，该报警信号的频率 $f_2$。（3分）

# 试题(一)答案与评分标准

**一、填空(每空 1 分,本题共 10 分)**

1. 与运算、或运算、非运算    2. 1     3. 7     4. $2^n$     5. 1

6. 下降沿    7. 低电平    8. 4

9. 所有触发器的触发脉冲连在一起    10. 产生脉冲信号

**二、选择题(每小题 2 分,本题共 20 分)**

1~5:D、C、B、D、A;6~10:B、D、B、C、C

**三、电路分析(本题共 6 分)**

$Q_1$、$Q_2$ 的波形如下:

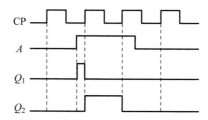

**四、电路分析与设计(本题共 12 分)**

1. 真值表如下(3 分):

| $A$ | $B$ | $C$ | $F_1$ | $F_2$ |
| --- | --- | --- | --- | --- |
| 0 | 0 | 0 | 0 | 0 |
| 0 | 0 | 1 | 1 | 0 |
| 0 | 1 | 0 | 1 | 0 |
| 0 | 1 | 1 | 0 | 1 |
| 1 | 0 | 0 | 1 | 0 |
| 1 | 0 | 1 | 0 | 1 |
| 1 | 1 | 0 | 0 | 1 |
| 1 | 1 | 1 | 1 | 1 |

2. 该电路是一位二进制数全加器。其中 $F_1$ 是本位和,$F_2$ 是本位的进位信号。(2 分)

3. 根据真值表,$F_1$、$F_2$ 的最小项表达式为

$$F_1(A,B,C)=\sum m(1,2,4,7)=m_1+m_2+m_4+m_7=\overline{\overline{m_1}\cdot\overline{m_2}\cdot\overline{m_4}\cdot\overline{m_7}}\quad(2 分)$$

$$F_2(A,B,C)=\sum m(3,5,6,7)=m_3+m_5+m_6+m_7=\overline{\overline{m_3}\cdot\overline{m_5}\cdot\overline{m_6}\cdot\overline{m_7}}(2\text{分})$$

令 3/8 译码器 74HC138 的二进制代码输入端 $A_2$、$A_1$、$A_0$ 分别接电路的逻辑变量 $A$、$B$、$C$,则利用 74HC138 和与非门实现的电路图如下:(3 分)

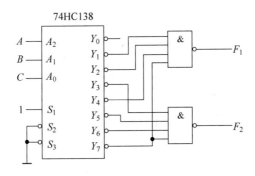

## 五、电路设计(本题共 14 分)

1.（4 分）

卡诺图如下:

| $L$ $\backslash$ $CD$<br>$AB$ | 00 | 01 | 11 | 10 |
|---|---|---|---|---|
| 00 | 1 | 1 | 0 | 1 |
| 01 | 0 | 0 | 1 | 0 |
| 11 | × | × | × | × |
| 10 | 1 | 1 | × | × |

2.（2 分）

最简的与或表达式: $L=\overline{B}\cdot\overline{C}+\overline{B}\cdot\overline{D}+BCD$

3.（3 分）

最简的"与非-与非"表达式: $L=\overline{\overline{\overline{B}\cdot\overline{C}}\cdot\overline{\overline{B}\cdot\overline{D}}\cdot\overline{BCD}}$

电路图如下:

4.（5 分）(答案不唯一)

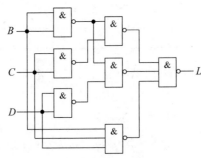

将函数 $L$ 展开成以 $B$、$C$、$D$ 为逻辑变量的最小项之和的表达式为

$$L = \bar{B} \cdot \bar{C} + \bar{B} \cdot \bar{D} + BCD = \bar{B} \cdot \bar{C} \cdot (D + \bar{D}) + \bar{B} \cdot (C + \bar{C}) \cdot \bar{D} + BCD$$

$$= \bar{B} \cdot \bar{C} \cdot \bar{D} + \bar{B} \cdot \bar{C} \cdot D + \bar{B} \cdot C \cdot \bar{D} + BCD$$

将数据选择器 74LS151 的地址线 $A_2$、$A_1$、$A_0$ 分别接 $B$、$C$、$D$，输出 $Y$ 接 $L$。则实现 $L$ 函数的电路图如下：

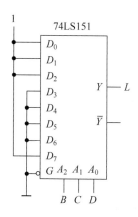

六、电路分析（本题共 14 分）

1.（4 分）

$$FF_0: D_0 = \overline{Q_2^n}$$

$$FF_1: D_1 = Q_0^n$$

$$FF_2: D_2 = Q_0^n \cdot Q_1^n$$

$$输出方程 \quad Z = CP \cdot Q_2^n$$

2.（3 分）

$$FF_0: Q_0^{n+1} = D_0 = \overline{Q_2^n}$$

$$FF_1: Q_1^{n+1} = D_1 = Q_0^n$$

$$FF_2: Q_2^{n+1} = D_2 = Q_0^n \cdot Q_1^n$$

3.（4 分）

| $Q_2^n$ | $Q_1^n$ | $Q_0^n$ | $Q_2^{n+1}$ | $Q_1^{n+1}$ | $Q_0^{n+1}$ |
|---|---|---|---|---|---|
| 0 | 0 | 0 | 0 | 0 | 1 |
| 0 | 0 | 1 | 0 | 1 | 1 |
| 0 | 1 | 1 | 1 | 1 | 1 |
| 1 | 1 | 1 | 1 | 1 | 0 |
| 1 | 1 | 0 | 0 | 0 | 0 |

4.（3 分）

假设 $Q_2 Q_1 Q_0$ 的初始状态为 010，其 CP 脉冲到来后，状态为 001，进入有效循环。

假设 $Q_2Q_1Q_0$ 的初始状态为 100,其 CP 脉冲到来后,状态为 000,进入有效循环。

假设 $Q_2Q_1Q_0$ 的初始状态为 101,其 CP 脉冲到来后,状态为 010,再来 CP 脉冲后,进入有效循环 001。

该电路可以自启动。

## 七、电路分析与设计(本题共 16 分 )

**1.(4分)**

图示电路中采用的是"同步置数法"构成的任意进制计数器,该电路的有效状态是"1000 0000"到"1001 1001"。所以该电路是二十进制计数器。

**2.(4分)**

$F$ 信号是 CP 脉冲信号的 20 分频,所以 $F$ 信号的频率为 $f_{CP}/20 = 20\text{kHz}/20 = 1\text{kHz}$。

若要观察 $F$ 信号与 CP 脉冲的相位关系,应选择双踪示波器。具体操作时,将 $F$ 信号选择为触发信号,调节触发电平,可稳定地显示出两个信号的波形和关系。

**3.(8分)(答案不唯一)**

该电路共有 6 种花样,首先利用 74LS160 构成一个六进制计数器,然后通过组合电路将计数器的 6 种状态按要求驱动 $L_1 \sim L_4$ 四盏彩灯。设 $L_1 \sim L_4$ 对应的逻辑输出变量为 $L_1 \sim L_4$,输出"1"点亮彩灯,输出"0"熄灭彩灯,其真值表如下:

| $Q_2$ | $Q_1$ | $Q_0$ | $L_1$ | $L_2$ | $L_3$ | $L_4$ |
|-------|-------|-------|-------|-------|-------|-------|
| 0 | 0 | 0 | 0 | 0 | 0 | 0 |
| 0 | 0 | 1 | 0 | 0 | 1 | 1 |
| 0 | 1 | 0 | 0 | 1 | 1 | 1 |
| 0 | 1 | 1 | 0 | 1 | 1 | 1 |
| 1 | 0 | 0 | 1 | 0 | 0 | 0 |
| 1 | 0 | 1 | 1 | 1 | 1 | 1 |

由真值表画出卡诺图如下:

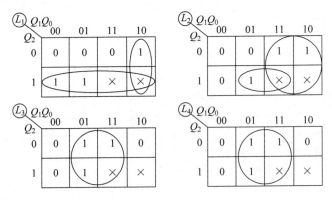

使用卡诺图化简结果如下:

$$L_1 = Q_2 + Q_1\overline{Q}_0$$
$$L_2 = Q_1 + Q_2 Q_0$$
$$L_3 = Q_0$$
$$L_4 = Q_0$$

由逻辑表达式画出逻辑图,其设计的控制器电路图如下:

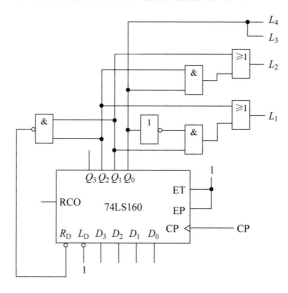

## 八、电路应用(本题共 8 分)

### 1.(2 分)

当无人进入时,a、b 导线接通,则 555 定时器的 4 脚接入低电平,此时由集成 555 定时器组成的多谐振荡器不工作,输出无脉冲信号,喇叭不响。当有人入侵时,a、b 导线断开,则 555 定时器的 4 脚接入高电平,此时 555 定时器组成的多谐振荡器工作,输出一定频率的脉冲信号,喇叭发出声音。

### 2.(3 分)

当 555 定时器 5 脚悬空时,振荡器产生的频率为

$$T_1 = (R_1 + R_2)C\ln\frac{V_{CC} - U_{T-}}{V_{CC} - U_{T+}} = (6.8 + 10) \times 0.047 \times 10^{-3} \times \ln2 \approx 0.547\,\text{ms}$$

$$T_2 = R_2 C\ln\frac{0 - U_{T+}}{0 - U_{T-}} = 10 \times 0.047 \times 10^{-3} \times \ln2 \approx 0.326\,\text{ms}$$

$$f_1 = \frac{1}{T_1 + T_2} = \frac{1}{0.547 + 0.326} \approx 1.145\,\text{kHz}$$

### 3.(3 分)

当 555 定时器 5 脚接 2V 电压时,其门槛电压为 $U_{T+} = 2\text{V}$,$U_{T-} = 1\text{V}$,此时其振荡频率为

$$T_1 = (R_1 + R_2)C\ln\frac{V_{CC} - U_{T-}}{V_{CC} - U_{T+}} = (6.8 + 10) \times 0.047 \times 10^{-3} \times \ln\frac{4}{3} \approx 0.277\text{ms}$$

$$T_2 = R_2 C\ln\frac{0 - U_{T+}}{0 - U_{T-}} = 10 \times 0.047 \times 10^{-3} \times \ln 2 \approx 0.326\text{ms}$$

$$f_2 = \frac{1}{T_1 + T_2} = \frac{1}{0.277 + 0.326} \approx 1.658\text{kHz}$$

# 试题（二）

一、填空（每空 1 分，本题共 10 分）

1. 将十进制数 59.625 转换为二进制数为＿＿＿＿；十进制数 92.65 的 8421BCD 码是＿＿＿＿。

2. $L = AB + C$ 的对偶式为＿＿＿＿。

3. 在 TTL 门电路中，"门"的开关状态分别对应于三极管处于＿＿＿＿和＿＿＿＿工作状态。

4. 衡量门电路抗干扰能力大小的参数是＿＿＿＿。

5. 时序逻辑电路与组合逻辑电路的区别是＿＿＿＿。

6. 由 555 定时器组成的电路中，若将三角波电压信号变换为同频率的矩形脉冲信号应选用＿＿＿＿。

7. 驱动共阴极七段数码管的译码器的输出电平为＿＿＿＿有效。

8. 由 $N$ 位移位寄存器构成扭环形计数器，其模为＿＿＿＿。

二、选择题（每小题 2 分，本题共 20 分）

1. 逻辑函数 $F = A \oplus (A \oplus B) = ($　　$)$。

   A. $B$

   C. $A$

   B. 0

   D. $A \oplus B$

2. 如图 2.1 所示为 TTL 逻辑门应用电路，已知发光二极管的正向压降 $U_D$ 为 1.7V，参考工作电流为 $I_D$ 为 10mA，允许的灌电流 $I_{OL}$ 和拉电流 $I_{OH}$ 分别为 15mA 和 4mA。则 $R$ 应选择（　　）。

   A. $100\Omega$　　B. $300\Omega$　　C. $510\Omega$　　D. $1k\Omega$

图 2.1

3. 如图 2.2 所示电路中的门电路是 74 系列 TTL 门电路，该电路的输出 $Y$ 是（　　）。

   A. 1　　　　B. 0　　　　C. $\overline{B}$　　　　D. $\overline{A} \cdot \overline{B}$

4. TTL 集成电路 74LS138 是 3/8 线译码器，译码器为输出低电平有效，若输入为 $A_2 A_1 A_0 = 101$ 时，则输出 $(Y_7 \sim Y_0)$ 为（　　）。

   A. 00100000

   C. 11110111

   B. 11011111

   D. 00000100

5. 将 D 触发器改造成 T 触发器，图 2.3 所示的虚线框内应该选择一个（　　）。

   A. 与非门　　　B. 或非门　　　C. 异或门　　　D. 同或门

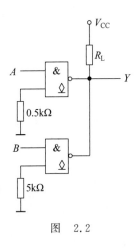

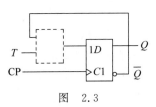

图 2.2                             图 2.3

6. 由 CMOS 门电路和传输门组成的电路如图 2.4 所示,该电路与下列哪个逻辑符号等效(　　)。

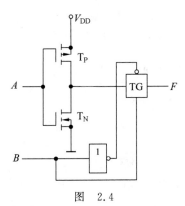

图 2.4

A                B              C               D

7. 要将方波脉冲的周期扩展 10 倍,可采用(　　)。

    A. 10 级施密特触发器                     B. 10 位二进制计数器

    C. 十进制计数器                             D. 4 个主从 JK 触发器

8. 用 555 定时器组成施密特触发器,当 5 脚电压控制端外接 10V 电压时,回差电压是(　　)。

    A. 3.33V              B. 5V                 C. 6.66V             D. 2.5V

9. 若是分辨率要求小于 1%,至少选用(　　)位 D/A 转换器。

    A. 6                   B. 7                    C. 8                 D. 9

10. 下列电路中能够把串行数据变成并行数据的电路是(　　)。

A. JK 触发器　　　　　　　　　B. 3/8 线译码器

C. 移位寄存器　　　　　　　　　D. 十进制计数器

## 三、电路分析(本题共 16 分)

1. 已知 TTL 门电路(输出低电平为 0.3V,高电平为 3.6V)如图 3.1 所示,若输入 $A$ 分别接 0.3V 和 3.6V 电压,分别用电压表测试门电路中的电压值,则电压表 $V_1$ 和 $V_2$ 的指示数分别是多少,请填写表 1 中的数据。(8 分)

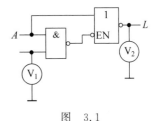

图　3.1

表 3　题三、1 数据

| $A$ | 0.3V | 3.6V |
| --- | --- | --- |
| $V_1$ | | |
| $V_2$ | | |

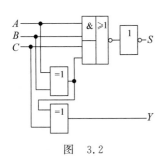

图　3.2

2. 试分析图 3.2 所示的组合逻辑电路。(8 分)

(1) 写出输出逻辑表达式;

(2) 化为最简与或式;

(3) 列出真值表;

(4) 说明该电路逻辑功能。

## 四、电路设计(本题共 14 分)

利用所学知识设计一自动供水系统,由大、小两台水泵 $M_L$ 和 $M_S$ 向水箱供水,如图 4.1 所示。水箱中设置了 3 个水位检测传感器 $A$、$B$、$C$。水面低于检测传感器时,传感器模块输出高电平;水面高于检测传感器时,传感器模块输出低电平。设计要求如下:当水位超过 $C$ 点时水泵停止工作;水位低于 $C$ 点而高于 $B$ 点时 $M_S$ 单独工作;水位低于 $B$ 点而高于 $A$ 点时 $M_L$ 单独工作;水位低于 $A$ 点时 $M_L$ 和 $M_S$ 同时工作。试按上述要求设计电路控制两台水泵的运行。

1. 请按上述要求,写出欲设计电路的真值表。(4 分)

2. 请用 74LS00(每片有 4 个 2 输入与非门)设计该电路,要求有化简过程,须使用最少的与非门。(6 分)

3. 试用 74LS138(逻辑图如图 4.2 所示)加上适当的逻辑门电路实现控制两台水泵的运行。(4 分)

## 五、电路分析(本题共 12 分)

由 JK 触发器组成的时序逻辑电路如图 5 所示,试分析:

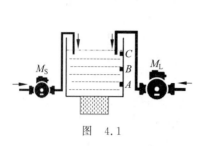 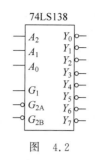

图 4.1　　　　　　　　　　　图 4.2

1. 写出电路的驱动方程。（3 分）

2. 求出电路的状态方程。（3 分）

3. 画出完整的状态转换图（按 $Q_3Q_2Q_1$ 排列），并说明该电路能否自启动。（4 分）

4. 描述该电路的功能。（2 分）

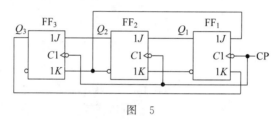

图 5

六、电路综合设计（本题共 16 分）

集成计数器 74LS161 的功能表如表 6 所示，试根据要求完成如下问题。

表 6　74LS161 功能表

| 清零 | 预置 | 使能 | | 时钟 | 预置数据输入 | | | | 输出 | | | |
|---|---|---|---|---|---|---|---|---|---|---|---|---|
| $R_D$ | $L_D$ | EP | ET | CP | $D_3$ | $D_2$ | $D_1$ | $D_0$ | $Q_3$ | $Q_2$ | $Q_1$ | $Q_0$ |
| 0 | × | × | × | × | × | × | × | × | 0 | 0 | 0 | 0 |
| 1 | 0 | × | × | ↑ | $d_3$ | $d_2$ | $d_1$ | $d_0$ | $d_3$ | $d_2$ | $d_1$ | $d_0$ |
| 1 | 1 | 0 | × | × | × | × | × | × | 保持 | | | |
| 1 | 1 | × | 0 | × | × | × | × | × | 保持 | | | |
| 1 | 1 | 1 | 1 | ↑ | × | × | × | × | 加法计数 | | | |

1. 电路如图 6.1 所示，调节滑动变阻器，用示波器测得 555 定时器的输出波形 $u_O$ 的占空比为 0.5，此时 $R_1=10\text{k}\Omega$，求 CP 的周期，并简要说明用示波器测试周期的方法。（4 分）

2. 试用 74LS161、74LS151 及必要的门电路实现脉冲序列信号 $Y$ 产生电路，脉冲序列信号 $Y$ 如图 6.2 所示，其为 74LS151 的输出。要求说明 74LS161 实现几进制计数器，有必要的设计过程。（12 分）

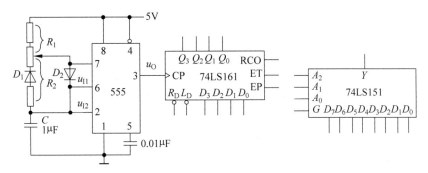

图　6.1

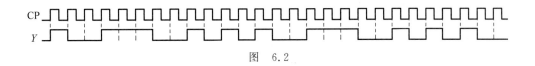

图　6.2

## 七、电路分析(本题共 12 分)

由 555 定时器和 JK 触发器组成的电路如图 7.1 所示,已知 CP 为 10Hz 方波,$R_1=10\text{k}\Omega$,$R_2=56\text{k}\Omega$,$C_1=1000\text{pF}$,$C_2=4.7\,\mu\text{F}$,$V_{CC}=5\text{V}$,JK 触发器输出 $Q$ 和 555 输出 $u_O$ 初始值均为 0V,二极管 D 的导通压降为 0.7V,试求:

1. 说明 555 定时器组成的电路名称。（2 分）

2. 在图 7.2 中画出 CP 与 JK 触发器的输出 $Q$、$u_1$、$u_O$ 对应的波形图。（8 分）

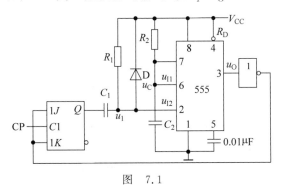

图　7.1

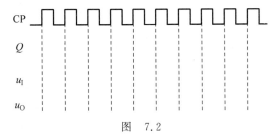

图　7.2

3. 计算 $u_O$ 的占空比。（2分）

# 试题（二）答案与评分标准

**一、填空（每空 1 分，本题共 10 分）**

1. $(111011.101)_2$，$(10010010.01100101)_{8421}$    2. $(A+B)C$    3. 饱和，截止

4. 噪声容限    5. 具有记忆元件和反馈回路    6. 施密特触发器

7. 高电平或 1    8. $2N$

**二、选择题（每小题 2 分，本题共 20 分）**

1～5：A、B、C、B、C；6～10：B、C、B、B、C

**三、电路分析（本题共 16 分）**

1. （8分，每空 2 分）

| $A$ | 0.3V | 3.6V |
|---|---|---|
| $V_1$ | 0.3V | 1.4V |
| $V_2$ | 0 | 0.3V |

2. （8分，每小题 2 分）
(1) 逻辑表达式

$$Y_1 = AB + (A \oplus B)C$$
$$Y_2 = A \oplus B \oplus C$$

(2) 最简与或式

$$Y_1 = AB + AC + BC$$
$$Y_2 = \overline{A}\,\overline{B}C + \overline{A}B\overline{C} + A\overline{B}\,\overline{C} + ABC$$

(3) 真值表如下：

| $A$ | $B$ | $C$ | $S$ | $Y$ |
|---|---|---|---|---|
| 0 | 0 | 0 | 0 | 0 |
| 0 | 0 | 1 | 0 | 1 |
| 0 | 1 | 0 | 0 | 1 |
| 0 | 1 | 1 | 1 | 0 |
| 1 | 0 | 0 | 0 | 1 |
| 1 | 0 | 1 | 1 | 0 |
| 1 | 1 | 0 | 1 | 0 |
| 1 | 1 | 1 | 1 | 1 |

（4）逻辑功能为：全加器。

四、电路设计（本题共 14 分）

1. 设检测传感器模块 $A$、$B$、$C$ 的状态逻辑变量分别为 $A$、$B$、$C$，按题中设定，作为所设计控制电路的输入变量。设 $M_L$ 和 $M_S$ 分别为控制水泵 $M_L$、$M_S$ 开关的输出变量，$M_L=1$ 时，开大水泵，$M_L=0$ 时，关大水泵；$M_S=1$ 时，开小水泵，$M_S=0$ 时，关小水泵。

根据题意列出真值表如下：（4 分）

| $A$ | $B$ | $C$ | $M_L$ | $M_S$ |
|---|---|---|---|---|
| 0 | 0 | 0 | 0 | 0 |
| 0 | 0 | 1 | 0 | 1 |
| 0 | 1 | 0 | × | × |
| 0 | 1 | 1 | 1 | 0 |
| 1 | 0 | 0 | × | × |
| 1 | 0 | 1 | × | × |
| 1 | 1 | 0 | × | × |
| 1 | 1 | 1 | 1 | 1 |

2. 用 74LS00（每片有 4 个 2 输入与非门）设计该电路。

使用卡诺图化简：

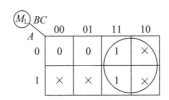

$$M_L = B;$$ （2 分）

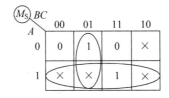

$$M_S = A + \bar{B}C = \overline{\overline{A}\,\overline{\bar{B}C}};$$ （2 分）

画出电路图如下：（2 分）

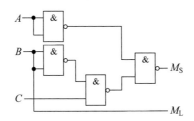

3. 用 74LS138 加上适当的逻辑门电路实现控制两台水泵的运行。

由真值表可的逻辑函数表达式如下：

$$M_L = B = \overline{A}B\overline{C} + \overline{A}BC + AB\overline{C} + ABC$$

$$M_L = m_2 + m_3 + m_6 + m_7 = \overline{\overline{m_2} \cdot \overline{m_3} \cdot \overline{m_6} \cdot \overline{m_7}} \qquad （1 分）$$

$$M_S = A + \overline{B}C = A\overline{B}\overline{C} + A\overline{B}C + AB\overline{C} + ABC + \overline{A}BC$$

$$M_S = m_1 + m_4 + m_5 + m_6 + m_7 = \overline{\overline{m_1} \cdot \overline{m_4} \cdot \overline{m_5} \cdot \overline{m_6} \cdot \overline{m_7}} \qquad （1 分）$$

将 $A$、$B$、$C$ 分别作为 74LS138 的 $A_2$、$A_1$、$A_0$ 的输入信号，画出电路图如下：（2 分）

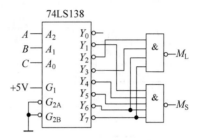

五、电路分析（本题共 12 分）

1. 驱动方程（3 分）

$$J_1 = \overline{Q}_2, \quad K_1 = Q_3;$$

$$J_2 = Q_1, \quad K_2 = \overline{Q}_1;$$

$$J_3 = Q_2, \quad K_3 = \overline{Q}_2。$$

2. 状态方程（3 分）

$$Q_1^{n+1} = \overline{Q}_2^n \overline{Q}_1^n + \overline{Q}_3^n Q_1^n$$

$$Q_2^{n+1} = \overline{Q}_2^n Q_1^n + Q_2^n Q_1^n = Q_1^n$$

$$Q_3^{n+1} = \overline{Q}_3^n Q_2^n + Q_3^n Q_2^n = Q_2^n$$

3. 状态转换图如下所示：（2 分）

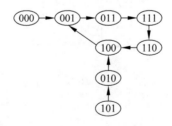

该电路能够自启动。（2 分）

4. 该电路为同步五进制计数器（2 分）

六、电路综合设计(本题共 16 分)

1. 14ms。使用示波器的一路接入 $u_O$,调节旋钮出现稳定的脉冲信号,采用光标法、自动测量法及观察法可以测得信号周期。(4 分)

2. 由脉冲信号波形可知,该电路需设计一个十二进制计数器。(2 分)

使用异步清零法或同步置数法均可实现,方法不唯一。(4 分)

根据题意列出如下真值表:(2 分)

| $Q_3$ | $Q_2$ | $Q_1$ | $Q_0$ | $Y$ |
|---|---|---|---|---|
| 0 | 0 | 0 | 0 | 1 |
| 0 | 0 | 0 | 1 | 0 |
| 0 | 0 | 1 | 0 | 0 |
| 0 | 0 | 1 | 1 | 1 |
| 0 | 1 | 0 | 0 | 1 |
| 0 | 1 | 0 | 1 | 1 |
| 0 | 1 | 1 | 0 | 0 |
| 0 | 1 | 1 | 1 | 0 |
| 1 | 0 | 0 | 0 | 1 |
| 1 | 0 | 0 | 1 | 0 |
| 1 | 0 | 1 | 0 | 1 |
| 1 | 0 | 1 | 1 | 1 |

74LS161 的 $Q_2$、$Q_1$、$Q_0$ 分别接 74LS151 的 $A_2$、$A_1$、$A_0$,则由真值表可知:$D_0=1$,$D_1=0$,$D_2=Q_3$,$D_3=\overline{Q_3}$,$D_4=1$,$D_5=1$,$D_6=0$,$D_7=0$。(4 分)

综上可设计电路,如下所示:

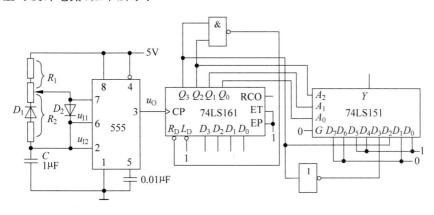

七、电路分析(本题共 12 分)

1. 单稳态触发器。(2 分)

2. 求出单稳态触发器输出脉宽 $t_W=1.1R_2C_2\approx0.29s$。(2 分)

画出 CP 对应的 $Q$、$u_1$ 和 $u_O$,如下所示。(每个变量的波形 2 分,共 6 分)

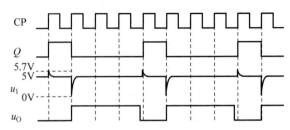

3. 由题意可知：$T = 4 \times T_{CP} = 0.4\mathrm{s}$,$t_W \approx 0.29\mathrm{s}$,因此可求得 $q = \dfrac{t_W}{T} \times 100\% = 72.5\%$ 或 $q = 0.725$。(2 分)

# 试题（三）

一、填空（每空 1 分，本题共 10 分）

1. $(59.625)_D=($      $)_B$；$(100100100101)_{8421BCD}=($      $)_D$。

2. 在数字电路中，三极管的开关状态分别对应于 _____ 和 _____ 工作状态。

3. 若将 TTL 与非门和 CMOS 与非门的某一输入端分别通过 $20\text{k}\Omega$ 的电阻接地，则输入端分别相当于接 _____ 和 _____。

4. 对于 JK 触发器，输入 $J=0$，$K=1$，则经过 CP 脉冲作用后，触发器的输出端 $\overline{Q}=$ _____。

5. 现有多谐振荡器、施密特触发器、单稳态触发器、二进制计数器四种器件，若把 $2\text{kHz}$ 正弦波信号转换为 $2\text{kHz}$ 矩形脉冲信号应选用 _____；若将 $2\text{kHz}$ 脉冲信号转换为频率为 $500\text{Hz}$ 的脉冲信号应选用 _____。

6. 由 $N$ 位移位寄存器构成扭环形计数器，其模为 _____。

二、选择题（每小题 2 分，本题共 20 分）

1. 某逻辑系统中有 $A$、$B$、$C$ 3 个逻辑变量，则函数 $Y=A\oplus B$ 的最小项表达式所含最小项的个数是（    ）。

    A. 2 个                B. 3 个                C. 4 个                D. 5 个

2. 如图 2.1 所示电路中的门电路均是 74 系列 TTL 门，该电路的输出 $L$ 为（    ）。

    A. $AB$                B. $\overline{AB}$                C. $A\overline{B}$                D. $\overline{A}B$

3. 电路如图 2.2 所示，该电路的输出 $L$ 为（    ）。

    A. $AB$                B. $\overline{AB}$                C. $A\overline{B}$                D. $\overline{A}B$

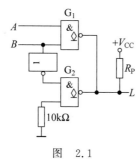 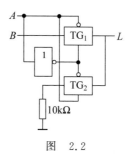

图 2.1                       图 2.2

4. 由优先级编码器 74LS148（输入端低电平有效，反码输出）和译码器 74LS47（输入从高到低为 $DCBA$）、共阳极数码管组成的电路如图 2.3 所示，电路上电后，数码管显示的数字为（    ）。

    A. 2                B. 3                C. 4                D. 5

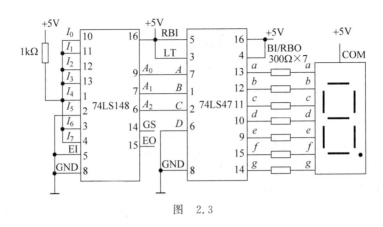

图 2.3

5. 将 D 触发器改造成 T 触发器,图 2.4 所示的虚线框内应该选择一个(　　　)。

    A. 与非门　　　　　　B. 或非门　　　　　　C. 异或门　　　　　　D. 同或门

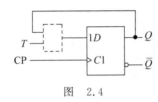

图 2.4

6. 存储器 2114 的容量为 1K×4 位,若要扩展成 4K×8 位,需要(　　　)片 2114。

    A. 4 片　　　　　　B. 2 片　　　　　　C. 8 片　　　　　　D. 16 片

7. 有一个左移移位寄存器,当输出端预先置入 1011 后,其串行输入端固定接 0,在 4 个移位脉冲 CP 作用下,4 位输出数据的移位过程是(　　　)。

    A. 1011——0110——1100——1000——0000

    B. 1011——0101——0010——0001——0000

    C. 1011——1100——1101——1110——1111

    D. 1011——1010——1001——1000——0111

8. 在 D/A 转换器中,最小分辨电压 $U_{LSB}=4\text{mV}$,最大满刻度输出电压 $U_{Om}=10\text{V}$,则该转换器输入二进制数字量的位数是(　　　)。

    A. 10 位　　　　　　B. 11 位　　　　　　C. 12 位　　　　　　D. 13 位

9. 电路如图 2.5 所示,假设电路中各触发器的当前状态 $Q_2Q_1Q_0$ 为 111,请问经过 8 个时钟脉冲作用后,触发器的状态 $Q_2Q_1Q_0$ 为(　　　)。

    A. 111　　　　　　B. 000　　　　　　C. 011　　　　　　D. 100

10. 555 定时器组成的光控路灯开关电路如图 2.6 所示,$R$ 为光敏电阻,有光照时阻值约为 20kΩ,无光照时阻值约为 30MΩ,白天光照比较强,$R \ll R_P$;KA 为继电器。针对该电路的分析,错误的说法是(　　　)。

    A. 555 定时器组成的电路是施密特触发器,电路的回差电压是 4V

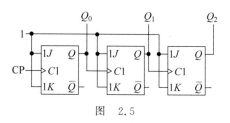

图 2.5

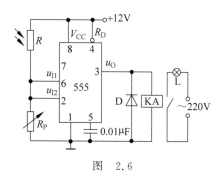

图 2.6

B. 从晚上到白天时,$R$ 越来越小,使得触发器输入端电压变高,当大于 8V 时,$u_O$ 为低电平,继电器线圈无电流流过,继电器不吸合,灯不亮

C. 从白天到晚上时,$R$ 越来越大,使得触发器输入端电压变小,当小于 8V 时,$u_O$ 为高电平,继电器吸合,灯亮

D. 二极管 D 的作用是续流,能够保护 555 定时器,防止其烧坏

## 三、电路分析(本题共 14 分)

1. 一组合逻辑电路如图 3.1 所示,试说明该电路实现的功能,要求有分析过程。(4 分)

图 3.1

2. 由 TTL 门电路和 CMOS 传输门组成的电路如图 3.2 所示,试根据输入信号 $A$、$B$、$C$ 的波形,画出输出 $F$ 的波形图。(4 分)

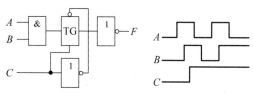

图 3.2

3. 已知电路及 CP、$A$ 的波形如图 3.3 所示,假设触发器的初始状态均为 0,试画出 $FF_1$ 和 $FF_0$ 的输出端 $Q_1$ 和 $Q_0$ 的波形。(6 分)

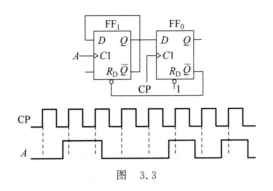

图 3.3

四、电路设计(本题共 14 分)

某生产车间有 4 台电动机,分别为 7kW、6kW、4kW、2kW,其车间的供电动力只有 11kW。为了保证车间的安全运行,要求开启电动机的总容量不能超过供电动力的容量,否则将产生报警信号。试设计产生报警信号的逻辑电路。

1. 采用最少个数的"与非门"逻辑门电路实现(与非门输入端个数不限),要求有设计过程及步骤。(8 分)

2. 采用八选一多路数据选择器 74LS151 及必要的门电路实现。数据选择器的逻辑符号如图 4 所示。(6 分)

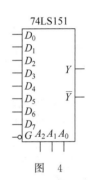

图 4

五、电路分析(本题共 16 分)

由 JK 触发器组成的时序逻辑电路如图 5 所示,触发器的初始状态为 0,试分析:

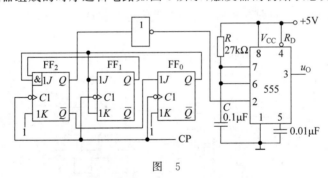

图 5

1. 由 $FF_0$、$FF_1$、$FF_2$ 构成的逻辑电路,写出电路的驱动方程,列出状态转换表,画出完整的状态转换图,并说明它的功能。(8 分)

2. 指出 555 定时器构成的电路名称。(2 分)

3. 已知 CP 的频率为 1kHz,试计算 555 定时器输出电压 $u_O$ 的周期和占空比(要求有计算过程)。(6 分)

六、电路综合设计(本题共 16 分)

4 位二进制可逆集成计数器 74LS191 的功能表如表 6 所示,时序图如图 6.1 所示,试根据要求完成题目。

表 6　74LS191 的功能表

| 预置 | 使能 | 加/减控制 | 时钟 | 预置数据输入 | | | | 输出 | | | |
|---|---|---|---|---|---|---|---|---|---|---|---|
| $L_D$ | EN | $D/\overline{U}$ | CP | $D_3$ | $D_2$ | $D_1$ | $D_0$ | $Q_3$ | $Q_2$ | $Q_1$ | $Q_0$ |
| 0 | × | × | × | $d_3$ | $d_2$ | $d_1$ | $d_0$ | $d_3$ | $d_2$ | $d_1$ | $d_0$ |
| 1 | 1 | × | × | × | × | × | × | 保持 | | | |
| 1 | 0 | 0 | ↑ | × | × | × | × | 加法计数 | | | |
| 1 | 0 | 1 | ↑ | × | × | × | × | 减法计数 | | | |

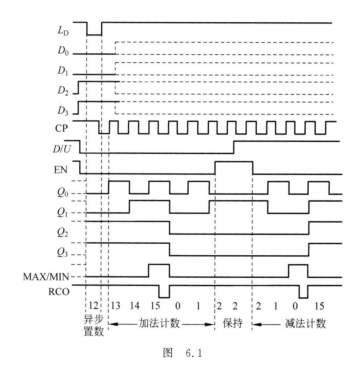

图　6.1

1. 要求倒计时电路的 CP 频率为 1Hz,现有标称频率为 32768Hz 的晶振,若用 74LS191 设计一个电路获得频率为 1Hz 的脉冲信号作为 CP,则需要几片 74LS191?(2 分)

2. 现需设计一个倒计时电路,实现从 9 到 0 的倒计时,并按照"亮 2 秒—灭 3 秒—亮 2 秒—灭 3 秒"的规律驱动 LED 灯循环闪烁。

(1) CP 频率为 1Hz,使用 74LS191 设计倒计时电路,实现从 9 到 0 的倒计时(74LS191 的逻辑图如图 6.2 所示)。(4 分)

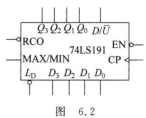

图　6.2

（2）74LS191 的 $Q_3Q_2Q_1Q_0$ 作为输入，$Y$ 为输出，$Y=1$ 表示 LED 灯亮，$Y=0$ 表示 LED 灯灭，请写出 $Y$ 的真值表，并用卡诺图化简法化简为最简与或表达式。（6 分）

（3）试用 74LS151 及必要的门电路实现 LED 灯闪烁功能，74LS151 的输出 $Y$ 能够直接驱动 LED 灯。（4 分）

七、电路分析（本题共 10 分）

由 555 定时器构成的电子门铃电路如图 7 所示，按下开关 S 使门铃鸣响，且松手后持续一段时间，试求：

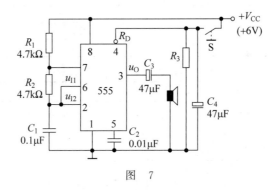

图 7

1. 说出 555 定时器组成的电路名称。（2 分）

2. 在电源电压 $V_{CC}$ 不变的情况下，可改变电路哪些元件的参数使门铃的鸣响时间延长。（2 分）

3. 计算 555 定时器输出 $u_O$ 的频率。（2 分）

4. 说明电路中的电容 $C_2$ 和 $C_3$ 的作用。（4 分）

# 试题(三)答案与评分标准

一、填空(每空 1 分,本题共 10 分)

1. $(111011.101)_B$,$(925)_D$　　2. 饱和,截止　　3. 1 或高电平,0 或低电平

4. 1　　5. 施密特触发器,二进制计数器　　6. $2N$

二、选择题(每小题 2 分,本题共 20 分)

1~5:C、D、D、A、C; 6~10:C、A、C、A、C

三、电路分析(本题共 14 分)

1. (本题共 4 分)

由逻辑图写出逻辑函数表达式:$F_1 = A \oplus B$,$F_2 = A \cdot B$。由函数表达式可列出真值表如下:(2 分)

| $A$ | $B$ | $F_1$ | $F_2$ |
| --- | --- | --- | --- |
| 0 | 0 | 0 | 0 |
| 0 | 1 | 1 | 0 |
| 1 | 0 | 1 | 0 |
| 1 | 1 | 0 | 1 |

由真值表可知,该电路实现的是半加器的功能,$F_1$ 输出为本位和,$F_2$ 输出为向高位的进位。(2 分)

2. (本题共 4 分)

由逻辑图写出 $F$ 的函数表达式:$\begin{cases} C=1, & F=\overline{AB} \\ C=0, & F=0 \end{cases}$。(2 分)

由逻辑函数表达式可画出 $F$ 的波形如下所示。(2 分)

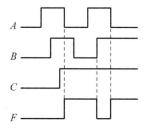

3. (本题共 6 分)

根据电路图,两个 D 触发器构成异步时序逻辑电路,$CP_1 = A$(上升沿),$CP_0 = CP$。D 触发器的状态方程为

$$Q_1^{n+1} = \overline{Q}_1^n, \quad Q_0^{n+1} = Q_1^n \qquad (2\ 分)$$

在给定 CP、$A$ 的作用下,波形如下:(4 分,$Q_1$、$Q_0$ 每个波形各 2 分)

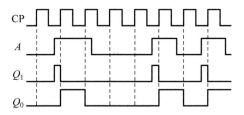

## 四、电路设计(本题共 14 分)

1. 根据题意,设输入 $A$、$B$、$C$、$D$ 表示 4 台 7kW、6kW、4kW、2kW 电动机工作与否的逻辑变量,"1"表示工作,"0"表示不工作,设输出 $F$ 为报警信号,"1"表示有报警,"0"表示没有报警,列出真值表如下:(2 分)

| $A$ | $B$ | $C$ | $D$ | $F$ |
| --- | --- | --- | --- | --- |
| 0 | 0 | 0 | 0 | 0 |
| 0 | 0 | 0 | 1 | 0 |
| 0 | 0 | 1 | 0 | 0 |
| 0 | 0 | 1 | 1 | 0 |
| 0 | 1 | 0 | 0 | 0 |
| 0 | 1 | 0 | 1 | 0 |
| 0 | 1 | 1 | 0 | 0 |
| 0 | 1 | 1 | 1 | 1 |
| 1 | 0 | 0 | 0 | 0 |
| 1 | 0 | 0 | 1 | 0 |
| 1 | 0 | 1 | 0 | 0 |
| 1 | 0 | 1 | 1 | 1 |
| 1 | 1 | 0 | 0 | 1 |
| 1 | 1 | 0 | 1 | 1 |
| 1 | 1 | 1 | 0 | 1 |
| 1 | 1 | 1 | 1 | 1 |

由真值表画出卡诺图如下:

| $F$ \ $CD$ / $AB$ | 00 | 01 | 11 | 10 |
| --- | --- | --- | --- | --- |
| 00 | 0 | 0 | 0 | 0 |
| 01 | 0 | 0 | 1 | 0 |
| 11 | 1 | 1 | 1 | 1 |
| 10 | 0 | 0 | 1 | 0 |

化简为最简与或表达式:$F = AB + ACD + BCD$。使用与非门实现,函数表达式整

理为：$F = \overline{\overline{AB} \cdot \overline{ACD} \cdot \overline{BCD}}$。（2 分）

由函数表达式画出用与非门实现的逻辑图如下：（4 分）

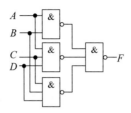

2. 根据真值表，用数据选择器实现的方法是：输出 $B$、$C$、$D$ 分别接 $A_2$、$A_1$、$A_0$，$EN = 0$，$D_0 = D_1 = D_2 = 0$；$D_3 = D_4 = D_5 = D_6 = A$；$D_7 = 1$，$Y$ 即为输出 $F$。（2 分）

画出逻辑图如下：（4 分）

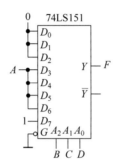

## 五、电路分析（本题共 16 分）

1. 由逻辑图写出触发器的驱动方程：（2 分）

$$J_0 = \overline{Q}_2^n, \quad K_0 = 1;$$

$$J_1 = K_1 = Q_0^n;$$

$$J_2 = Q_1^n Q_0^n, \quad K_2 = 1。$$

状态方程：（2 分）

$$Q_0^{n+1} = \overline{Q}_2^n \overline{Q}_0^n$$

$$Q_1^{n+1} = Q_0^n \oplus Q_1^n$$

$$Q_2^{n+1} = Q_0^n Q_1^n \overline{Q}_2^n$$

状态转换表如下：（2 分）

| $Q_2^n$ | $Q_1^n$ | $Q_0^n$ | $Q_2^{n+1}$ | $Q_1^{n+1}$ | $Q_0^{n+1}$ |
|---|---|---|---|---|---|
| 0 | 0 | 0 | 0 | 0 | 1 |
| 0 | 0 | 1 | 0 | 1 | 0 |
| 0 | 1 | 0 | 0 | 1 | 1 |
| 0 | 1 | 1 | 1 | 0 | 0 |
| 1 | 0 | 0 | 0 | 0 | 0 |

完整的状态转换图如下：(1 分)

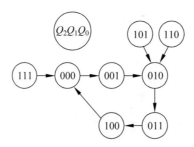

可见,该电路为同步五进制计数器,且能够自启动(1 分)。

2. 555 定时器组成电路为单稳态触发器。(2 分)

3. 由 1 的结果可知,$Q_2$ 的频率为时钟频率的五分频,即 $T_{Q2}=5\text{ms}$,单稳态触发器的输入 $u_I$ 的低电平脉冲宽度为 1ms;(2 分)

单稳态触发器的暂稳态时间可求得

$$t_W=1.1RC \approx 3\text{ms} \qquad (2 \text{分})$$

因此,电路输出 $u_O$ 的周期 $T$ 是 5ms,占空比 $q=\dfrac{t_W}{T} \times 100\% = 60\%$。(2 分)

六、电路综合设计(本题共 16 分)

1. $32768=2^{15}$,因此需要 4 片 74LS191。(2 分)

2. (1)由题意知,实现从 9 到 0 的倒计时功能,即使用 74LS191 设计一十进制的减法计数器,其输出状态依次为 $1001 \rightarrow 1000 \rightarrow \cdots\cdots \rightarrow 0000$,74LS191 具有异步置数功能,使用异步预置数法,其电路设计如下:(4 分)

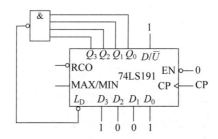

(2)由题意知,按照"亮 2 秒—灭 3 秒—亮 2 秒—灭 3 秒—亮 2 秒"的规律驱动 LED 灯循环闪烁,$Q_3Q_2Q_1Q_0$ 作为输入,$Y$ 为输出,$Y=1$,LED 灯亮,$Y=0$,LED 灯灭,则可列出真值表如下:(2 分)

| $Q_3$ | $Q_2$ | $Q_1$ | $Q_0$ | $Y$ |
| --- | --- | --- | --- | --- |
| 0 | 0 | 0 | 0 | 0 |
| 0 | 0 | 0 | 1 | 0 |
| 0 | 0 | 1 | 0 | 0 |
| 0 | 0 | 1 | 1 | 1 |

| $Q_3$ | $Q_2$ | $Q_1$ | $Q_0$ | $Y$ |
|---|---|---|---|---|
| 0 | 1 | 0 | 0 | 1 |
| 0 | 1 | 0 | 1 | 0 |
| 0 | 1 | 1 | 0 | 0 |
| 0 | 1 | 1 | 1 | 0 |
| 1 | 0 | 0 | 0 | 1 |
| 1 | 0 | 0 | 1 | 1 |
| 1 | 0 | 1 | 0 | $\times$ |
| 1 | 0 | 1 | 1 | $\times$ |
| 1 | 1 | 0 | 0 | $\times$ |
| 1 | 1 | 0 | 1 | $\times$ |
| 1 | 1 | 1 | 0 | $\times$ |
| 1 | 1 | 1 | 1 | $\times$ |

由真值表画出卡诺图如下：(2分)

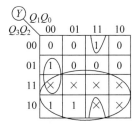

最简与或表达式为 $Y = Q_3 + \bar{Q}_2 Q_1 Q_0 + Q_2 \bar{Q}_1 \bar{Q}_0$　（2分）

(3) 采用74LS151实现电路：(4分，过程为2分、电路图2分)

方法1：$Q_3$、$Q_2$、$Q_1$ 作为74151的地址输入 $A_2$、$A_1$、$A_0$，则可求得74LS151的输入数据如下：

| $Q_3$ | $Q_2$ | $Q_1$ | $Q_0$ | $Y$ | |
|---|---|---|---|---|---|
| 0 | 0 | 0 | 0 | 0 | $D_0 = 0$ |
| 0 | 0 | 0 | 1 | 0 | |
| 0 | 0 | 1 | 0 | 0 | $D_1 = Q_0$ |
| 0 | 0 | 1 | 1 | 1 | |
| 0 | 1 | 0 | 0 | 1 | $D_2 = \bar{Q}_0$ |
| 0 | 1 | 0 | 1 | 0 | |
| 0 | 1 | 1 | 0 | 0 | $D_3 = 0$ |
| 0 | 1 | 1 | 1 | 0 | |
| 1 | 0 | 0 | 0 | 1 | $D_4 = 1$ |
| 1 | 0 | 0 | 1 | 1 | |
| 1 | 0 | 1 | 0 | $\times$ | $D_5 = \times$ |
| 1 | 0 | 1 | 1 | $\times$ | |

续表

| $Q_3$ | $Q_2$ | $Q_1$ | $Q_0$ | $Y$ | |
|---|---|---|---|---|---|
| 1 | 1 | 0 | 0 | $\times$ | $D_6 = \times$ |
| 1 | 1 | 0 | 1 | $\times$ | |
| 1 | 1 | 1 | 0 | $\times$ | $D_7 = \times$ |
| 1 | 1 | 1 | 1 | $\times$ | |

画出电路图如下：

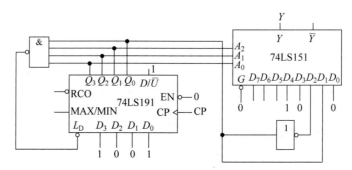

方法 2：$Q_2$、$Q_1$、$Q_0$ 作为 74151 的地址输入 $A_2$、$A_1$、$A_0$，则可求得 74LS151 的输入数据如下表所示：

| $Q_3$ | $Q_2$ | $Q_1$ | $Q_0$ | $Y$ | |
|---|---|---|---|---|---|
| 0 | 0 | 0 | 0 | 0 | $D_0 = Q_3$ |
| 0 | 0 | 0 | 1 | 0 | $D_1 = Q_3$ |
| 0 | 0 | 1 | 0 | 0 | $D_2 = 0$ |
| 0 | 0 | 1 | 1 | 1 | $D_3 = 1$ |
| 0 | 1 | 0 | 0 | 1 | $D_4 = 1$ |
| 0 | 1 | 0 | 1 | 0 | $D_5 = 0$ |
| 0 | 1 | 1 | 0 | 0 | $D_6 = 0$ |
| 0 | 1 | 1 | 1 | 0 | $D_7 = 0$ |
| 1 | 0 | 0 | 0 | 1 | $D_0 = Q_3$ |
| 1 | 0 | 0 | 1 | 1 | $D_1 = Q_3$ |
| 1 | 0 | 1 | 0 | $\times$ | |
| 1 | 0 | 1 | 1 | $\times$ | |
| 1 | 1 | 0 | 0 | $\times$ | |
| 1 | 1 | 0 | 1 | $\times$ | |
| 1 | 1 | 1 | 0 | $\times$ | |
| 1 | 1 | 1 | 1 | $\times$ | |

画出电路图如下：

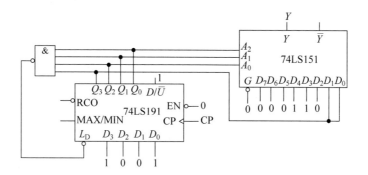

七、电路分析（本题共 10 分）

1. 多谐振荡器。（2分）　　2. $R_3$、$C_4$。（2分）　　3. $f = 1013\text{Hz} \approx 1\text{kHz}$。（2分）

4. $C_2$ 的作用是滤除电源中的高频干扰；$C_3$ 的作用是隔直通交。（4分）